DEUTSCHE AKADEMIE DER WISSENSCHAFTEN ZU BERLIN

Veröffentlichungen des Geodätischen Institutes in Potsdam

Nr. 5

Geometrisch-anschauliche Auflösung linearer mit Nullkoeffizienten ausgestatteter Gleichungssysteme

VON

KONRAD FRIEDRICH † UND WERNER JENNE

1951

AKADEMIE-VERLAG · BERLIN

Erschienen im Akademie-Verlag GmbH., Berlin NW 7, Schiffbauerdamm 19
Lizenz-Nr. 156 · 100/91/50
Gedruckt in der Buchdruckerei F. Mitzlaff, Rudolstadt i. Thür. (1312)
Bestell- und Verlagsnummer: 2016/5
Preis: 6,— DM

Inhalt

Vorwort

Bei der vielbeachteten Bamberger Ausgleichung des Zentraleuropäischen Dreiecksnetzes[1]) sind das BOLTZsche Entwickelungs-Verfahren [7] und das BOLTZsche Substitutions-Verfahren [8] nebst den zugehörigen Korrelatentabellen in großem Umfange verwendet worden. Und zwar geschah dies in Verbindung mit der BOWIE-Methode, dem HELMERT-EGGERTschen und anderen Ausgleichungsverfahren. In seinem „Nachruf auf Professor Dr. phil. HANS BOLTZ“ [9] vertritt E. GIGAS, der Leiter der erwähnten Ausgleichung des Zentraleuropäischen Dreiecksnetzes und Direktor des Instituts für Erdmessung in Bamberg[2]), sogar die Ansicht, „daß die großen kontinent- und weltumspannenden Triangulationsnetze praktisch erst bewältigt werden können, wenn die BOLTZschen Verfahren zur Anwendung kommen“. Er erwähnt weiter, daß „ohne die BOLTZschen Verfahren die rasche Ausgleichung des Zentraleuropäischen Netzes, die vom Institut für Erdmessung in Bamberg in zwei Jahren durchgeführt wurde, nicht möglich gewesen wäre“.

Kennzeichnend für alle modernen großräumigen Ausgleichungen astronomisch-geodätischer Netze ist das Bestreben, von kleineren Netzgebilden, Dreiecksketten, Doppelketten, „junction figures“ und dergleichen auszugehen. Diese werden in einem ersten Arbeitsgang je für sich „streng“ ausgeglichen, und zwar meist nach bedingten Beobachtungen mit gleichgewichtigen Richtungsverbesserungen. Später werden alle diese Teilgebilde in eine Gesamtausgleichung zusammengefaßt, unter Hinzunahme LAPLACEscher Gleichungen, von Basisidentitätsbedingungen und dergleichen. Dabei wird nach Möglichkeit von der Strenge nicht mehr geopfert, als notwendig ist zur Bewältigung der auftretenden Riesensysteme von Normalgleichungen, deren Anzahl beispielsweise bei der Bamberger Ausgleichung in die Tausende geht. Es leuchtet ein, daß für die erwähnten Grundgebilde besonders einwandfreie Korrelatenentwickelungen erwünscht sind. Aus diesem Grunde hat zum Beispiel K. LEVASSEUR[3]) die ursprünglich nur fünfstelligen BOLTZschen Korrelatenentwickelungen für einfache Dreiecksketten verschärft und die Koeffizienten der Widersprüche der Winkelsummenbedingungen auf $1 \cdot 10^{-6}$ Sekunden mit Summengliedern tabuliert.

Zur Berechnung einwandfreier[4]) Korrelatenentwickelungen für die Winkelnormalgleichungen von Dreiecksnetzen lagen bisher in Arbeiten von K. FRIEDRICH [10] und anderen [11] nur Verfahren vor, die gewisse Symmetrie-Eigenschaften der auftretenden Punktdarstellungen der Normalgleichungen voraussetzten. Jedoch habe ich in einer vor kurzem erschienenen Abhandlung [12] bereits auf ein neues Verfahren von K. FRIEDRICH zur Auflösung mit zahlreichen Nullkoeffizienten ausgestatteter linearer Gleichungssysteme hingewiesen, das an keinerlei Symmetrie-Voraussetzungen mehr gebunden ist, und habe die Hauptzüge dieses Verfahrens mitgeteilt. Um mit kurzen und prägnanten Begriffen arbeiten zu können, schlug ich für mit zahlreichen Nullelementen ausgestattete Matrizen beziehungsweise Determinanten, wie sie bei der Ausgleichung astronomisch-geodätischer Netze fast ausschließlich auftreten, in Anlehnung an die alltägliche Anschauung die Bezeichnung „Gittermatrix“ beziehungsweise „Gitterdeterminante“ vor. Da es sich bei dem neuen FRIEDRICHschen Verfahren im Grunde genommen um ein geometrisch-anschauliches Rechnen mit den Zahlenwerten von Determinanten handelt, so erscheint es zweckmäßig, das neue Verfahren als „Determinanten-Verfahren von K. FRIEDRICH“ oder einfach als „Gitterdeterminantenverfahren“ zu bezeichnen. Gleichzeitig schilderte ich in [12] die Hauptzüge einer ebenfalls von K. FRIEDRICH angegebenen wesentlichen Vervollkommnung der Kettenbruchlösung.

---

1) [1] [2] [3] [4] [5] [6]. 2) Seit 1. 9. 1950: Institut für angewandte Geodäsie in Frankfurt a.M.

3) Vgl. [1] S. 67. 4) D. h. von der Anhäufung von Abrundungsfehlern freier Korrelatenentwickelungen.

Leider ist Konrad Friedrich, dem die geodätische Wissenschaft so zahlreiche wertvolle Arbeiten verdankt, im Jahre 1944 in München verstorben und hat somit die Veröffentlichung seiner neuen Verfahren nur noch vorbereiten, aber nicht mehr selbst erleben können. Ich halte es aber nach dem obigen für durchaus nützlich und angebracht, die Friedrichschen Ausführungen über seine beiden neuen Verfahren in aller Ausführlichkeit zum Abdruck zu bringen. Wohl handelt es sich hierbei, wenn man nur die geodätischen Anwendungsmöglichkeiten ins Auge faßt, lediglich um ein eng begrenztes Teilproblem der Ausgleichung großer astronomisch-geodätischer Netze. Aber nach meiner Ansicht wird durch die neuen Friedrichschen Verfahren, speziell durch das Determinanten-Verfahren, dieses aktuelle Teilproblem in einer Vollendung gelöst, die schlechterdings nicht überboten werden kann. Es wird mithin durch die Veröffentlichung der Friedrichschen Ausführungen auf diesem Teilgebiet ein prinzipieller Abschluß erzielt.

Abgesehen von ihrer methodischen Bedeutung werden diese neuen Verfahren auch nicht überflüssig gemacht durch die Existenz elektronischer oder sonstige elektrische Elemente enthaltender Rechenmaschinen, die die Auflösung umfangreicherer linearer Gleichungssysteme in außergewöhnlich kurzer Zeit leisten; denn solche Maschinen dürften noch für längere Zeit nur einem eng begrenzten Kreise von Personen, Instituten oder dergleichen zur Verfügung stehen.

Es ist besonders darauf hinzuweisen, daß die neuen Friedrichschen Verfahren nicht nur für verschiedene Ausgleichungsprobleme der Geodäsie, sondern auch für viele andere Anwendungsgebiete, wie zum Beispiel Statik der Baukonstruktionen und Starkstromtechnik, von Bedeutung und von Friedrich entsprechend allgemein dargestellt sind. Näheres hierüber enthält Friedrichs „Einleitung zu Abschnitt A"[1]), und es sind auch in Friedrichs Darstellung seiner Verfahren mehrere Beispiele aus nichtgeodätischen Anwendungsgebieten behandelt.

Mit voller Absicht habe ich in der genannten Abhandlung [12] die beiden Verfahren zunächst nur in ihren Hauptzügen mitgeteilt, ohne Beweise und unter Beschränkung auf den für die Anwendung in der geodätischen Netzausgleichung wichtigsten Fall, daß alle „gemischten", das heißt nicht in der Hauptdiagonale stehenden Koeffizienten des betreffenden Normalgleichungssystems gleich Null oder —1 sind. Denn ich fürchtete, daß die zur Schilderung der beiden Verfahren in aller Allgemeinheit und mit Beweisen notwendige Einführung einiger neuer Begriffe und Bezeichnungen den Blick für die Anschaulichkeit speziell des Determinanten-Verfahrens trüben und so manchen davon abschrecken würde, sich überhaupt damit bekanntzumachen.

Abschnitt A der vorliegenden Veröffentlichung enthält den im wesentlichen unveränderten Abdruck einer Niederschrift von K. Friedrich, die er mir im Jahre 1937 übersandt hat. Diesem Abschnitt konnte eine Einleitung vorangestellt werden, die K. Friedrich noch selbst für die schon damals geplante gemeinsame Veröffentlichung der beiden Verfasser entworfen hat. In der Originaldarstellung von Friedrich erscheint das neue Determinanten-Verfahren (Gitterdeterminanten-Verfahren) eng mit der Kettenbruchrechnung verknüpft, in erster Linie wohl der Beweise wegen. Dagegen habe ich bei der vorläufigen Bekanntgabe in [12] das Determinanten-Verfahren unter Verzicht auf die Beweise gänzlich ohne Benutzung von Kettenbrüchen dargestellt. Der interessierte Leser wird bemerken, daß man in der Tat das neue Determinanten-Verfahren vollständig ohne Benutzung von Kettenbrüchen anwenden kann. Es erscheint daher möglich, Rechnungen nach dem Gitterdeterminanten-Verfahren auch Personen zu übergeben, die weder das Rechnen mit Determinanten noch die Berechnung von Kettenbrüchen kennen.

An der Niederschrift von K. Friedrich, die an sich nicht für den Druck bestimmt war, habe ich im wesentlichen nur diejenigen redaktionellen Änderungen vorgenommen, die notwendig waren, um die Bezeichnung der Abbildungen, der Formeln, der Literaturzitate den übrigen Abschnitten anzupassen. Lediglich in dem Anhang, Teil VI, von Abschnitt A: Zahlensysteme mit dem Grundwert z, habe ich einige Bemerkungen und Formeln von K. Friedrich fortgelassen, die mir angesichts der eingehenden Behandlung der zahlentheoretischen Eigenschaften der rekurrenten Zahlenreihen in der mathematischen Lehrbuchliteratur als etwas überholt erschienen.

In Abschnitt B behandele ich verschiedene Fragen, die mit der Anwendung der neuen Friedrichschen Verfahren zusammenhängen, und zwar insbesondere bei der Auflösung der Winkelnormalgleichungen trigonometrischer Netze.

---

[1]) S. 1.

Eine unter B, I abgedruckte Tabelle der ungekürzten numerischen Determinantenwerte D für die Winkelnormalgleichungen aller plausiblen diagonalenfreien Netzkonfigurationen bis zu 10 Dreiecken einschließlich soll die Anwendung des FRIEDRICHschen Determinantenverfahrens erleichtern; diese Tabelle dürfte außerdem bei Rechnungen nach der Kettenbruchmethode wertvolle Kontrollmöglichkeiten bieten.

Unter B, II gebe ich eine Übersicht über Polynome und rekurrente Zahlenreihen, die im Laufe der letzten Jahrzehnte in der Ausgleichungsrechnung und Fehlertheorie zunehmendes Interesse gefunden haben.

Der Unterabschnitt B, III: Größter gemeinsamer Teiler der Elemente der adjungierten Determinante, soll speziell dazu dienen, die Berechnung von Korrelatenentwickelungen[1]) nach Möglichkeit abzukürzen und übersichtlicher zu gestalten. Auch wird man durch die vorherige Ermittelung und Herauskürzung dieses größten gemeinsamen Teilers gelegentlich in der Lage sein, Korrelatenentwickelungen mit ganzzahligen Widerspruchs-Koeffizienten noch für Netzkonfigurationen zu berechnen, bei denen wegen des Auftretens zu großer ganzer Zahlen ohne diese Kürzung die sofortige Dezimalbruchrechnung praktischer wäre.

Unter B, IV gebe ich eine Erweiterung des FRIEDRICHschen Schemas zur Berechnung aller Elemente der adjungierten Determinante mit einem Schlage an, die bei Gleichungssystemen mit unsymmetrischer Matrix mit Vorteil verwendet werden kann.

Der Unterabschnitt B, V bringt Hinweise darauf, wie man auch im Falle ungleicher Richtungsgewichte aus den im Druck erschienenen Korrelatentabellen Nutzen ziehen kann; er enthält ferner einige Bemerkungen zu der Kritik, der L. ASPLUND in seiner wertvollen Abhandlung [13] die von O. EGGERT angegebene Verschärfung des bekannten HELMERTschen Verfahrens zur Ausgleichung großer astronomisch-geodätischer Netze unterzogen hat.

Abschnitt C enthält die Wiedergabe[2]) einer weiteren Niederschrift von K. FRIEDRICH. Hier handelt es sich um die Berichtigung eines Formelsystems zum Zusammenschluß ausgeglichener Dreiecksnetze, das O. v. GRUBER im Jahre 1929 als Weiterentwicklung des BOLTZschen Entwickelungs-Verfahrens angegeben hatte[3]). Aus dem an mich gerichteten Begleitschreiben von K. FRIEDRICH vom 3. April 1937 zur Übersendung der betreffenden Niederschrift seien hier nur die wichtigsten Sätze wiedergegeben.

„Die entscheidenden Formeln dieser Abhandlung[4]), nämlich das gesamte Gleichungssystem (27) nebst dem damit identischen System (29) sind infolge eines fortlaufenden systematischen Rechenfehlers unrichtig. . . . Es stellte sich nun heraus, daß die Formeln (27) sich ergeben, falls man in allen Endgleichungen fehlerhafterweise die zahlreichen Unbekannten sämtlich bis auf eine fortläßt. . . . Berichtigt man diese Formeln, so entstehen Gleichungen mit ungünstigem Aufbau und derart vielen Unbekannten, daß die so erstrebte Lösung der Aufgabe, aus den Koeffizienten $f_{\mu.\nu}$ der beiden Teilsysteme diejenigen des Gesamtsystems zu berechnen, für die praktische Verwendung als unbrauchbar ausscheidet. . . .“

K. FRIEDRICH beabsichtigte zwar seinerzeit nicht, seine Berichtigung des v. GRUBERschen Formelsystems zu veröffentlichen, stellte mir aber seine Niederschrift zu beliebiger Verwendung zur Verfügung. Da heute die Gefahr besteht, daß das v. GRUBERsche Formelsystem als gesicherter Bestand in die Fachliteratur übergeht, so glaube ich, lediglich im Interesse der Sache zu handeln, wenn ich dafür sorge, daß die klaren und rein sachlichen Ausführungen K. FRIEDRICHS in Fachkreisen bekannt werden. Den unvergänglichen Verdiensten, die sich O. v. GRUBER um die geodätische Forschung erworben hat, wird ja durch diese Berichtigung einer speziellen Einzelheit keinerlei Abbruch getan. In einer Bemerkung, die in der Zeitschrift für Vermessungswesen, Jahrg. 1950, S. 22, erschienen ist, habe ich bereits kurz auf den Sachverhalt hingewiesen.

---

[1]) Genauer: der Entwickelung von Korrelaten nach den Widersprüchen der Winkelsummen-Bedingungen.

[2]) Da der Inhalt dieses Abschnittes in naher Beziehung zu demjenigen der übrigen Abschnitte steht, so verzichtete ich auf die ausdrückliche Erwähnung im Titel des Werkes, der sonst notwendig allzu lang hätte ausfallen müssen.

[3]) In [14], Abschnitt III, S. 165ff.

[4]) Die Formelnummern beziehen sich auf die v. GRUBERsche Abhandlung.

Der Abdruck der an sich nicht für den Druck bestimmten FRIEDRICHschen Niederschrift über diesen Gegenstand erfolgt unverkürzt. Jedoch erschien es mir notwendig, dem knapp gehaltenen Text einige wenige Erläuterungen voranzuschicken.

K. FRIEDRICH war zwar niemals ein direkter Mitarbeiter des Geodätischen Instituts. Die enge Zusammenarbeit der beiden Verfasser zum Zwecke einer gemeinsamen Veröffentlichung, sowie der Umstand, daß es heute kaum möglich ist, eine so umfangreiche Abhandlung in einer Zeitschrift unterzubringen, lassen aber trotzdem den Abdruck im Rahmen der Veröffentlichungen des Geodätischen Instituts als gerechtfertigt erscheinen.

Potsdam, im Juli 1950

W. Jenne

Abschnitt A

K. FRIEDRICH, Auflösung von Systemen linearer Gleichungen mittels Punktdarstellung und Kettenbruchlösung

Einleitung

Die numerische Auflösung eines linearen Systems von Gleichungen geschieht im allgemeinen zweckmäßig bei symmetrischer Matrix mit Hilfe des GAUSSschen Algorithmus, bei unsymmetrischer Matrix mit Hilfe eines an das GAUSSsche Vorbild angelehnten Rechenmusters[1]).

Befinden sich aber in der Matrix außerhalb der Hauptdiagonale zahlreiche Nullstellen, so vermag die GAUSSsche Lösung die dann doch zweifellos vorhandene Vereinfachung der Aufgabe nicht hinreichend auszunutzen. Dazu kommt noch der Nachteil, daß bei erheblicher Zahl der Unbekannten diese mit ungleicher Genauigkeit gefunden werden. Denn es wird zunächst e i n e Unbekannte bestimmt, worauf durch Einsetzen der schrittweise errechneten Werte in die reduzierten Gleichungen allmählich die übrigen ermittelt werden. Dieser Nachteil tritt um so mehr hervor, wenn die Natur der Aufgabe die u n b e s t i m m t e Auflösung des Systems erfordert, mithin die Unbekannten bei unbestimmt gelassenen Absolutgliedern gefunden werden sollen. Denn dann sind bei n Gleichungen mit symmetrischer Matrix nicht n, sondern n^2 Unbekannte zu bestimmen.

Derartige für die GAUSSsche Berechnung ungünstige lineare Systeme kommen aber in der mathematischen Praxis verhältnismäßig häufig vor; in der Geodäsie (bei der trigonometrischen Netzausgleichung, ferner z. B. bei der Ausgleichung von Stationsmessungen, von Grundlinien, Höhennetzen, bei der vektorischen Ausgleichung usw.), in der Statik der Baukonstruktionen (bei der Dimensionierung der statisch vielfach unbestimmten Tragwerke und den sich dabei ergebenden symmetrischen und auch unsymmetrischen Elastizitätsgleichungen), in der Starkstromtechnik (bei der Berechnung der elektrischen Leitungsnetze), bei astronomischen Rechnungen (etwa bei der Fehlerermittelung der Teilkreise auf Sternwarten), bei der angenäherten Darstellung von Funktionen und bei sonstigen numerischen Rechnungen der naturwissenschaftlichen Praxis.

Für derartige Aufgaben haben sich allmählich auf den einzelnen Sondergebieten verschiedene neue Berechnungsweisen herausgebildet[2]). Doch fehlte bisher ein völlig allgemeines, auf elementarer Rechengrundlage aufgebautes und mit einfachen anschaulichen Mitteln arbeitendes, einheitliches Verfahren, das z u g l e i c h b e i d e angeführten Nachteile vermeidet, indem es einmal den Vorteil der vorhandenen Nullstellen voll ausnutzt und außerdem sämtliche Unbekannte mit annähernd gleicher Genauigkeit liefert.

Nachdem aber 1930 in den „Beiträgen zur direkten und indirekten Auflösung der Normalgleichungen usw."[3]) unter anderem auf die b e s o n d e r e E i g n u n g d e r K e t t e n b r ü c h e für den vorliegenden Zweck hingewiesen war, erschien 1937, dieser Anregung folgend, die Veröffentlichung des Preußischen Geodätischen Instituts, Neue Folge, Nr. 107[4]). Allerdings behandelt diese Abhandlung zunächst nur entsprechend ihrem geodätischen Zweck fast ausschließlich die im zugehörigen Fachgebiet auftretenden Systeme mit zahlreichen Nullstellen und einfachen ganzzahligen Koeffizienten.

---

[1]) Vgl. etwa [15], S. 42. [2]) Vgl. [16] [17] [7] [18] [19]. [3]) [10], S. 18. [4]) Vgl. [11].

Dagegen bringen als weiteren Fortschritt die nachstehenden durch die Zusammenarbeit der beiden Verfasser entstandenen Untersuchungen die mit Kettenbrüchen bewirkte unbestimmte Auflösung beliebiger mit Nullkoeffizienten ausgestatteter linearer Systeme, wobei die Kettenbruchlösung je nach Art der Aufgabe auch mit Dezimalbruchrechnung verbunden werden kann.

I. Bezeichnungen und grundlegende Kettenbruchformeln

1. Bezeichnungen

Die Matrix des unsymmetrischen linearen Gleichungssystems sei etwa für die 5. Ordnung[1]):

$$\begin{pmatrix} a_1 & -a_{1.2} & -a_{1.3} & -a_{1.4} & -a_{1.5} \\ -a_{2.1} & a_2 & -a_{2.3} & -a_{2.4} & -a_{2.5} \\ -a_{3.1} & -a_{3.2} & a_3 & -a_{3.4} & -a_{3.5} \\ -a_{4.1} & -a_{4.2} & -a_{4.3} & a_4 & -a_{4.5} \\ -a_{5.1} & -a_{5.2} & -a_{5.3} & -a_{5.4} & a_5 \end{pmatrix}$$

Die zugehörige Punktdarstellung zeigt die hierunterstehende Abb. A, 1, in der nur die beiden Punkte (1) und (2) nebst ihrer Verbindungslinie aufgezeichnet sind. a_1 oder (1) heißt der „Punktwert" des Punktes 1 usw. und etwa $a_{1.2}$ oder $|1.2|$ der „Verbindungswert" von Punkt 1 nach 2.

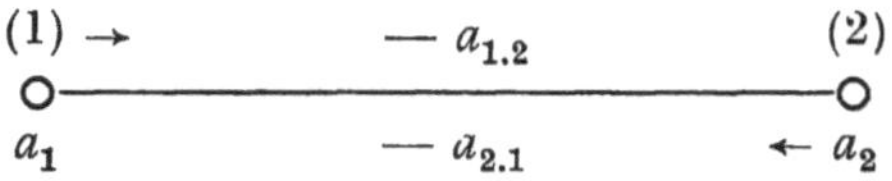

Abb. A, 1. Ausschnitt aus der allgemeinsten Punktdarstellung eines linearen Gleichungssystems

Es wird vorausgesetzt, daß in der Matrix eine Anzahl der Elemente $a_{\mu.\nu}$ verschwinden. Entsprechende Gleichungssysteme finden wir nicht selten in allen Zweigen der angewandten Mathematik (in Geodäsie, Astronomie, in den technischen Wissenschaften, wie in Technischer Mechanik, Elektrotechnik usw.). Für die Auflösung solcher Systeme bietet die Punktdarstellung im Verein mit der Kettenbruchrechnung besondere Vorteile.

Je nach Zahl und Art der verschwindenden Elemente $a_{\mu.\nu}$ kann man drei Hauptarten der Punktdarstellung unterscheiden:

a) die beliebig verzweigte maschenlose Punktdarstellung,

b) das Maschennetz in Verbindung mit beliebiger Verzweigung,

c) das Maschennetz wie b) mit sich kreuzenden Verbindungen innerhalb der Maschen.

Im folgenden wird hauptsächlich die Auflösung linearer Systeme mit Punktdarstellungen gemäß a) und b) behandelt.

Wir erweitern zunächst die Begriffe des Punkt- und Verbindungswertes. Die zu einer beliebigen Punktdarstellung gehörige Determinante D bezeichnen wir als den Punktwert dieses Systems von Punkten. Es ist daher irgendein Koeffizient der unbestimmten Auflösung $f_{\mu.\nu} = \frac{F_{\mu.\nu}}{D}$, wo $F_{\mu.\nu}$ die Zählerdeterminante ist. Im besonderen nennen wir die zu den n Punkten einer einfachen offenen Punktkette (vgl. Abb. A, 2) gehörige Kettenbruchdeterminante (Kontinuante) den Punktwert $D = (1.2.3. . n)$ oder, falls über die Reihenfolge der Punktzahlen Zweifel nicht möglich sind, kurz $(1. . n)$. So ist auch z. B. $(\triangle)$ die zu der Dreiecksmasche gehörige Determinante. Ist ferner etwa $D = (1,2,3 . . n)$, so ist $D_{-1} = (2.3. . n)$, wobei durch diese Kennzeichnung des letzten Wertes angezeigt wird, daß in der zugehörigen Punktdarstellung Punkt 1 mit den von ihm ausgehenden und nach ihm hinführenden Verbindungen fortgefallen ist. Entsprechend bedeutet etwa $D_{-2.3}$, daß die Verbin-

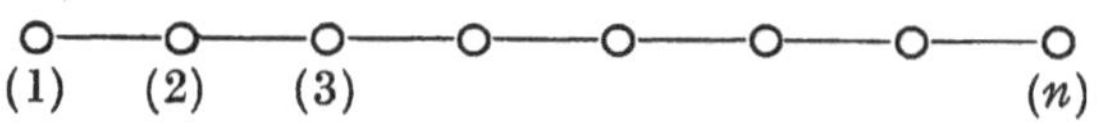

Abb. A, 2. Einfache offene Punktkette von n Punkten

[1]) Mit Absicht sind hier die Elemente der Hauptdiagonale wie $a_{1.1}$ . . nur mit a_1 usw. bezeichnet. Der Grund wird bald ersichtlich werden. Verwirrung kann dadurch nicht entstehen, daß diese von der üblichen Bezeichnung abweichende, aber für den vorliegenden Zweck erforderliche Schreibweise gewählt ist. Ferner sind die nichtquadratischen Elemente $a_{\mu.\nu}$ sämtlich mit Minuszeichen versehen. Durch diese anscheinende Erschwerung ergeben sich in den späteren Formeln nicht unwesentliche Vereinfachungen, während durch das Minuszeichen die Allgemeinheit der Untersuchung nicht beeinträchtigt wird.

dungslinie 2.3 mit ihren beiden Werten fortgelassen ist, so daß zwei getrennte Punktketten, nämlich (vgl. Abb. A, 3) entstanden sind.

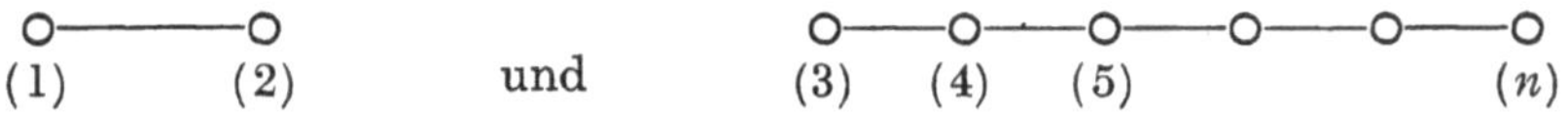

Abb. A, 3. Zerfall der Punktkette Abb. A, 2 in zwei getrennte Punktketten

Diese Bezeichnungen gelten auch ganz allgemein für Punktdarstellungen, nicht nur für die offene Punktkette.

Der Punktwert zweier getrennter Systeme ist gleich dem Produkt der beiden zugehörigen Punktwerte. Denn es ist z. B.

$$\begin{vmatrix} a_1 & -a_{1.2} & \cdot & \cdot \\ -a_{2.1} & a_2 & \cdot & \cdot \\ \cdot & \cdot & a_3 & -a_{3.4} \\ \cdot & \cdot & -a_{4.3} & a_4 \end{vmatrix} = \begin{vmatrix} a_1 & -a_{1.2} \\ -a_{2.1} & a_2 \end{vmatrix} \cdot \begin{vmatrix} a_3 & -a_{3.4} \\ -a_{4.3} & a_4 \end{vmatrix}$$

Demnach ist für die obige Punktkette mit dem Punktwert $D = (1.\ .n)$ etwa:

$$D_{-3} = (1.2)\ (4.\ .n) \quad \text{und} \quad D_{-2.3} = (1.2)\ (3.\ .n) \quad \text{gemäß Abb. A, 3.}$$

Sind in $(1.\ .n)$ alle $a_\mu = z$ und alle $a_{\mu.\nu} = 1$, so bezeichnen wir den Punktwert $(1.\ .n)$ als z_n und, falls $z = 3$ wie bei den Winkelnormalgleichungen der trigonometrischen Netzausgleichung, als $3_n = N_{n+1}$ [1]). Hierbei sind die Zahlen $3_n = N_{n+1}$ die bekannten Werte

3_0	3_1	3_2	3_3	3_4	3_5	
1	3	8	21	55	144	
N_1	N_2	N_3	N_4	N_5	N_6	usw.

Demnach ist $(0) = z_0$ und bei $z = 3 : 3_0 = N_1$, d. h. der Punktwert von null Punkten ist gleich der Einheit. Ist $z = 2$, so ist $(1.\ .n) = 2_n = n + 1$. Demnach sind die Zahlen 2_n identisch mit dem natürlichen Zahlensystem. Im Hinblick auf die Bedeutung der Zahlen z_n für die nachstehenden Untersuchungen sind in Abschnitt A, VI die merkwürdigen Eigenschaften dieser Zahlen behandelt.

Weiterhin möge etwa das Produkt $a_{1.2} \cdot a_{2.3} \cdot a_{3.4}$, das dem Verbindungsweg von Punkt 1 über 2 und 3 nach Punkt 4 entspricht (vgl. Abb. A, 4), „der Verbindungswert $|1.2.3.4|$" heißen und etwa $a_{1.5} \cdot a_{5.4}$, das dem Verbindungsweg von Punkt 1 über 5 nach Punkt 4 entspricht, Verbindungswert $|1.5.4|$. Ist nur ein Verbindungsweg vorhanden, wie etwa bei der offenen Punktkette, und sind daher Zweifel über die Reihenfolge der Punkte nicht möglich, so wird die Bezeichnung sinngemäß vereinfacht in $|1.\ .4| = p_{1.4}$.

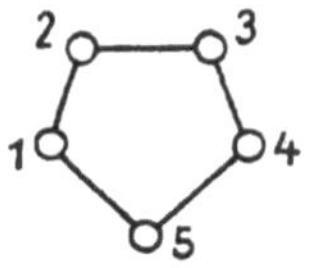

Abb. A, 4
Die Einzelmasche mit 5 Punkten

Ebenso wie der Punktwert von null Punkten ist auch der Verbindungswert, der zum Verbindungsweg Null gehört, wie z. B. zwischen 1 und 1 oder zwischen Punkt μ und μ: $|\mu| = 1$, gleich der Einheit. Ist das System symmetrisch, so ist etwa $|1.2.3.4.5| = |5.4.3.2.1|$. Sind alle $a_{\mu.\nu} = \pm 1$, so ist der Absolutwert von $|1.\ .n| = 1$.

Schließlich bezeichnen wir (vgl. Abb. A, 5) etwa den Wert $a_{1.2}a_{2.3}a_{3.4}a_{4.1} + a_{1.4}a_{4.3}a_{3.2}a_{2.1}$ als den „Schleifenwert" $\overset{\frown}{1.2.3.4}$. Offenbar ist Umkehrung für die Reihenfolge der Punktzahlen und auch deren zyklische Vertauschung möglich, so daß etwa $\overset{\frown}{4.3.2.1} = \overset{\frown}{1.2.3.4} = \overset{\frown}{2.3.4.1} = \overset{\frown}{3.4.1.2} = \overset{\frown}{4.1.2.3}$. Die Schleifenwerte besitzen demnach, ähnlich der Hauptdeterminante D, invariante Eigenschaften. Daraus läßt sich von vornherein schließen, daß diesen Werten bei der Lösung der linearen Systeme eine bedeutsame Rolle zufällt. Der kleinste Schleifenwert entspricht der nur aus zwei Punkten bestehenden, flach zusammengeschrumpften

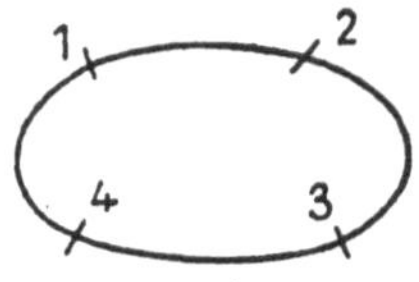

Abb. A, 5
Skizze der Einzelmasche mit 4 Punkten

[1]) Es scheint nahezuliegen, da $(1.\ .n) = z_n$ gesetzt wurde (was der weiteren Rechnungen wegen sich kaum vermeiden läßt), auch die Indizes von N_n entsprechend abzuändern. Diese Indizes sind aber ebenso berechtigt.

Schleife und ist für die Punkte 1 und 2: $a_{1.2} \cdot a_{2.1} = \widehat{1.2}$. Dieser Schleifenwert besteht sonach nur aus einem Gliede, während die zu Maschen gehörenden und daher über mindestens drei Punkte sich erstreckenden Schleifenwerte stets zwei Glieder haben. Ist das System symmetrisch, so ist z. B. $\widehat{1.2.3.4} = 2\,a_{1.2}a_{2.3}a_{3.4}a_{4.1} = 2\,a_{1.4}a_{4.3}a_{3.2}a_{2.1}$ und ist $a_{\mu.\nu} = \pm 1$, so ist der Absolutwert etwa von $\widehat{1.2.3.4} = 2$ und von $\widehat{1.2} = 1$.

Ganz allgemein beruht die Auflösung der linearen Gleichungen an Hand der Punktdarstellung auf den bemerkenswerten Gesetzmäßigkeiten, die für die Punktwerte D, insbesondere für die Kettenbruchnenner $(1. \; .n)$, ferner für die Verbindungs- und Schleifenwerte gelten. Dabei kommt es darauf an, an der Punktdarstellung bestimmte Kettenbrüche abzulesen, um aus deren Näherungsnennern die Werte D und $F_{\mu.\nu}$ zu bestimmen. Für $a_\mu = z$ und $a_{\mu.\nu} = 1$ handelt es sich daher vielfach darum, das Ergebnis durch die Zahlen z_n, namentlich für $z = 3$ durch die sofort verfügbaren Zahlen $3_n = N_{n+1}$ auszudrücken.

2. Die Kettenbruchnenner

Der Punktwert der offenen Punktkette von etwa 5 Punkten (1.2.3.4.5) ist gleich dem N e n n e r des Kettenbruchs

$$(\mathrm{A}, 1) \qquad K_1 = f_{1.1} = \frac{1|}{|a_1} - \frac{a_{1.2}\,a_{2.1}|}{|\;a_2} - \frac{a_{2.3}\,a_{3.2}|}{|\;a_3} - \frac{a_{3.4}\,a_{4.3}|}{|\;a_4} - \frac{a_{4.5}\,a_{5.4}}{a_5} = \frac{1|}{|(1)} - \frac{\widehat{1.2}|}{|(2)} - \frac{\widehat{2.3}|}{|(3)} - \frac{\widehat{3.4}|}{|(4)} - \frac{\widehat{4.5}}{(5)};$$

ferner ist der Punktwert (2.3.4.5) gleich dem Z ä h l e r des Kettenbruchs K_1 und auch gleich dem Nenner des Kettenbruchs $K_2 = \frac{1|}{|(2)} - \frac{\widehat{2.3}|}{|(3)} - \frac{\widehat{3.4}|}{|(4)} - \frac{\widehat{4.5}}{(5)}$. Daher ist, falls $A_1A_2A_3A_4A_5$ die 5 Näherungs z ä h l e r und $B_1B_2B_3B_4B_5$ die 5 Näherungsnenner von K_1 sind, $K_1 = \frac{(2.3.4.5)}{(1.2.3.4.5)} = \frac{A_5}{B_5}$. Diese Bezeichnung enthält die bekannte independente Darstellung der Kettenbrüche durch Determinanten. Weiterhin ist (3.4.5) gleich dem N e n n e r des Kettenbruchs

$$(\mathrm{A}, 2) \qquad \mathrm{K}_3 = \frac{1|}{|(3)} - \frac{\widehat{3.4}|}{|(4)} - \frac{\widehat{4.5}}{(5)}$$

und zugleich auch gleich dem Z ä h l e r von K_2, so daß $K_2 = \frac{(3.4.5)}{(2.3.4.5)}$ ist usf.

Wir wenden uns jetzt — und dies ist neben der Verwendung des Algorithmus (1.2.3.4.5) das Neuartige an dieser Betrachtung — zu dem „inversen“ Kettenbruch von K_1, nämlich zu

$$(\mathrm{A}, 3) \qquad K_1' = f_{5.5} = \frac{1|}{|(5)} - \frac{\widehat{5.4}|}{|(4)} - \frac{\widehat{4.3}|}{|(3)} - \frac{\widehat{3.2}|}{|(2)} - \frac{\widehat{2.1}}{(1)},$$

in dem die Reihenfolge der Teilnenner umgekehrt ist. Sein Nenner ist der Punktwert (5.4.3.2.1) = (1.2.3.4.5), wie aus dem Anblick der Punktdarstellung unmittelbar hervorgeht. Der Zähler ist (4.3.2.1), so daß $\mathrm{K}_1' = f_{5.5} = \frac{(4.3.2.1)}{(5.4.3.2.1)} = \frac{(1.2.3.4)}{(1.2.3.4.5)} = \frac{A_5'}{B_5'} = \frac{B_4}{B_5'}$, falls $A_1'A_2'A_3'A_4'A_5'$ die Näherungszähler und $B_1'B_2'B_3'B_4'B_5'$ die Näherungsnenner von K_1' sind usf. Insgesamt ergibt sich folgende Zusammenstellung der Näherungsnenner.

Es gehören zu	die Näherungsnenner					Es gehören zu	die Näherungsnenner				
K_1	(1)	(1.2)	(1.2.3)	(1.2.3.4)	(1.2.3.4.5)	K_1'	(5)	(5.4)	(5.4.3)	(5.4.3.2)	(5.4.3.2.1)
K_2		(2)	(2.3)	(2.3.4)	(2.3.4.5)	K_2'		(4)	(4.3)	(4.3.2)	(4.3.2.1)
K_3			(3)	(3.4)	(3.4.5)	K_3'			(3)	(3.2)	(3.2.1)
K_4				(4)	(4.5)	K_4'				(2)	(2.1)
K_5					(5)	K_5'					(1)

Berechnet man hiernach a l l e Näherungsnenner der Kettenbrüche $K_1K_2K_3 \, . \, .$ und $K_1'K_2'K_3' \, . \, .$, so wird mit d u r c h g r e i f e n d e r Rechenprobe jeder Nenner doppelt berechnet. Denn stets ist eine Beziehung vorhanden wie etwa (2.3.4) = (4.3.2).

Berechnet man n u r die Näherungs n e n n e r von K_1 und K_1', mithin ohne die Werte A und A' nur $B_1B_2B_3B_4B_5$ und $B_1'B_2'B_3'B_4'B_5'$, so erhält man die beiden Kettenbrüche, nämlich

$$K_1 = \frac{(2.3.4.5)}{(1.2.3.4.5)} = \frac{B_4'}{B_5'} \quad \text{und} \quad K_1' = \frac{(4.3.2.1)}{(5.4.3.2.1)} = \frac{B_4}{B_5}$$

mit der durchgreifenden Rechenprobe: $B_5 = B_5'$.

Dies ist demnach die einfachste und zweckmäßigste Art, einen Kettenbruch — und im Fall der offenen Punktkette sogar 2 Kettenbrüche — zu berechnen. Voraussetzung ist dabei nur, daß $K_1 \neq K_1'$. Ist z. B. der Kettenbruch zu bestimmen

$$K_1 = \frac{1|}{|a} - \frac{1|}{|b} - \frac{1|}{|c} - \frac{1|}{|b} - \frac{1|}{|a},$$

so hat man $B_1 = B_1'$, $B_2 = B_2'$ usw. Der Wert K_1 wird dann zwar auch ermittelt, aber die Rechenprobe ist nicht mehr vorhanden.

Berechnet man ferner sowohl die Näherungsnenner wie auch die Näherungszähler von K_1 und von K_1', mithin die Werte

$$\text{für } K_1 \begin{cases} B_1 = (1) & B_2 = (1.2) & B_3 = (1.2.3) & B_4 = (1.2.3.4) & B_5 = (1.2.3.4.5) \\ A_1 = (0) & A_2 = (2) & A_3 = (2.3) & A_4 = (2.3.4) & A_5 = (2.3.4.5) \end{cases} \begin{matrix} \text{mit} \\ \text{und} \end{matrix}$$

$$\text{für } K_1' \begin{cases} B_1' = (5) & B_2' = (5.4) & B_3' = (5.4.3) & B_4' = (5.4.3.2) & B_5' = (5.4.3.2.1) \\ A_1' = (0) & A_2' = (4) & A_3' = (4.3) & A_4' = (4.3.2) & A_5' = (4.3.2.1), \end{cases} \begin{matrix} \text{mit} \\ \end{matrix}$$

so erhält man 4 Rechenproben, nämlich

$$\begin{aligned} B_5 &= B_5', \text{ da } (1.2.3.4.5) = (5.4.3.2.1) \\ A_5 &= B_4', \text{ da } (2.3.4.5) \quad = (5.4.3.2) \\ A_5' &= B_4, \text{ da } (4.3.2.1) \quad = (1.2.3.4) \\ A_4 &= A_4', \text{ da } (2.3.4) \quad\;\; = (4.3.2) \end{aligned}$$

Diese Art der Berechnung liefert daher auch für den Fall $K_1 = K_1'$ eine ausreichende Rechenprobe.

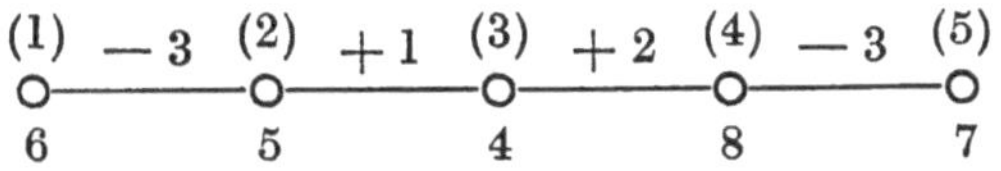

Abb. A, 6. Einfache Punktkette mit ganzzahligen Punktwerten und Verbindungswerten

Z a h l e n b e i s p i e l 1[1]). Zu obenstehender Punktdarstellung (Abb. A, 6) gehört

$$K_1 = f_{1.1} = \frac{1|}{|6} - \frac{9|}{|5} - \frac{1|}{|4} - \frac{4|}{|8} - \frac{9}{7} \quad \text{und} \quad K_1' = f_{5.5} = \frac{1|}{|7} - \frac{9|}{|8} - \frac{4|}{|4} - \frac{1|}{|5} - \frac{9}{6}$$

Zähler A_μ	0	1	5	19	132	753	A_μ'	0	1	8	28	132	540
Nenner B_μ	1	6	21	78	540	3078	B_μ'	1	7	47	160	753	3078
μ	0	1	2	3	4	5	μ	0	1	2	3	4	5

Die unterstrichenen bzw. entsprechend eingerahmten Zahlen zeigen die 4 Rechenproben an.

II. Die Rechenregeln für die Punktwerte (1.2. . .n)

Die nachstehenden Lehrsätze können auch mittels der üblichen Determinantenrechnung abgeleitet werden. Abgesehen von Satz 3, der sich auf diese Weise verhältnismäßig leicht beweisen läßt, sind aber die erforderlichen Rechnungen erheblich schwieriger und unübersichtlicher als bei Verwendung des hier gebrauchten Algorithmus (1.2. . .n).

[1]) Das Zahlenbeispiel ist entnommen aus [16], S. 9.

1. Lehrsatz. Aus der Bezeichnung, z. B. (1.2.3.4), kann man unmittelbar die gesamte Entwickelung der betreffenden Kettenbruchdeterminante ablesen. Es ist z. B. für ein symmetrisches System[1]):

(A, 4) $$(1.2.3.4) = a_1 a_2 a_3 a_4 - a_{1.2}^2 a_3 a_4 - a_1 a_{2.3}^2 a_4 - a_1 a_2 a_{3.4}^2 + a_{1.2}^2 a_{3.4}^2 .$$

Jedes Glied der Entwickelung weist dieselbe Reihenfolge der 4 Indizes auf, und man kann symbolisch schreiben:

(A, 4a) $$(1.2.3.4) = 1.2.3.4 - \overset{\frown}{1.2}.3.4 - 1.\overset{\frown}{2.3}.4 - 1.2.\overset{\frown}{3.4} + \overset{\frown}{1.2}.\overset{\frown}{3.4} ,$$

wobei jetzt diese Entwickelung auch für unsymmetrische Systeme gilt. Ferner ist etwa:

(A, 4b) $$\begin{aligned}(1.2.3.4.5.6) = {} & 1.2.3.4.5.6 - \overset{\frown}{1.2}.3.4.5.6 - 1.\overset{\frown}{2.3}.4.5.6 \\ & - 1.2.\overset{\frown}{3.4}.5.6 - 1.2.3.\overset{\frown}{4.5}.6 - 1.2.3.4.\overset{\frown}{5.6} \\ & + \overset{\frown}{1.2}.\overset{\frown}{3.4}.5.6 + \overset{\frown}{1.2}.3.\overset{\frown}{4.5}.6 + \overset{\frown}{1.2}.3.4.\overset{\frown}{5.6} \\ & + 1.\overset{\frown}{2.3}.\overset{\frown}{4.5}.6 + 1.\overset{\frown}{2.3}.4.\overset{\frown}{5.6} + 1.2.\overset{\frown}{3.4}.\overset{\frown}{5.6} \\ & - \overset{\frown}{1.2}.\overset{\frown}{3.4}.\overset{\frown}{5.6} .\end{aligned}$$

Die Anzahl der Glieder beträgt:

(A, 5) $$\begin{cases} \text{für gerade } n = 2m: & 3_m - 3_{m-1}, \text{ z. B. für } n = 2m = 4: \ 3_2 - 3_1 = 8 - 3 = 5; \\ \text{für ungerade } n = 2m+1: & 3_m, \text{ z. B. für } n = 2m+1 = 5: \ 3_2 = 8 , \end{cases}$$

entsprechend den Zahlen von Fibonacci.

2. Lehrsatz. Jede Entwickelung oder Formel mit Punktwerten muß 3 Forderungen genügen: a) jedes Glied hat alle Punktzahlen zu enthalten; b) die Gliedzahlen der Entwickelung entsprechend (A, 5) rechts und links des Gleichheitszeichens haben übereinzustimmen; c) wenn man für jeden Punktwert entsprechend $(1.2. \, .m) = 2_m = m + 1$ den Grundwert $a_\mu = 2$ und für die $a_{\mu.\nu}$ und jeden Schleifenwert $\overset{\frown}{\mu.\nu}$ die Zahl 1 einsetzt, müssen sich zu beiden Seiten des Gleichheitszeichens dieselben Werte ergeben. Nach den vorhergegangenen Ausführungen bedarf dieser Satz weiter keines Beweises. Für die Probe könnte man auch für $z = 3$ die Zahlen 3_m einsetzen, was freilich weniger einfach ist.

Zahlenbeispiel 2. Probe der Gleichung (A, 4) mit der Entwickelung für (1.2.3.4). a) Jedes Glied enthält die 4 Zahlen des Punktwertes; b) nach (A, 5) hat der Punktwert 5 Glieder, wie sie rechts des Gleichheitszeichens vorhanden sind; c) für $a = 2$ erhält man $5 = 16 - 4 - 4 - 4 + 1$.

3. Lehrsatz. Wird etwa in $D = (1.2.3.4.5.6)$ der Wert eines einzelnen Punktes, z. B. a_3 geändert in $a_3 + a_3'$, so kann man symbolisch schreiben

$$D + D' = (1.2.3{+}3'.4.5.6) = (1.2.3.4.5.6) + (1.2)(3')(4.5.6) .$$

Mithin ist

(A, 6) $$\frac{\partial D}{\partial (3)} = (1.2)(4.5.6) .$$

Der Beweis ergibt sich aus Lehrsatz 1, wenn man in der Entwickelung (A, 4 b) für (1. .6) statt (3) den Wert $(3 + 3')$ einführt und die Glieder mit $(3')$ zweckmäßig zusammenfaßt. Auch nach Lehrsatz 2 ist der gefundene Wert für D' richtig. Zunächst hinsichtlich der Punktzahlen. Was die Gliederzahl betrifft, so hat die Entwickelung (A, 4b) 6 Glieder mit (3) und 7 mit dem Schleifenwert $\overset{\frown}{2.3}$ oder $\overset{\frown}{3.4}$. Mithin enthält D' ebenfalls 6 Glieder mit $(3')$. Soviel Glieder hat aber auch der Wert (1.2)(4.5.6), da (1.2) zwei und (4.5.6) drei Glieder besitzt. Schließlich ist für $z = 2: D + D' = 7 + 3.3'.4$. Es ist aber $D + D'$ Nenner des Kettenbruchs

[1]) Hier zeigt es sich, daß für die Rechnungen die Bezeichnung a_μ zweckmäßiger ist als $a_{\mu.\mu}$.

$$\frac{1|}{|2} - \frac{1|}{|2} - \frac{1\ |}{|2+3'} - \frac{1|}{|2} - \frac{1|}{|2} - \frac{1}{2}$$

$$1 \mid 2 \quad 3 \quad 4+3\cdot 3' \quad 5+6\cdot 3' \quad 6+9\cdot 3' \quad 7+12\cdot 3'$$

der diesen Wert hat entsprechend der beigefügten rekurrenten Berechnung[1]).

Entsprechend ist auch

$$(1.2.3+3'.4.5.6+6'.7.8) = (1.2.3.4.5.6.7.8) + (1.2)(3')(4.5.6.7.8)$$
$$+ (1.2.3.4.5)(6')(7.8) + (1.2)(3')(4.5)(6')(7.8) \quad \text{usw.}$$

Zahlenbeispiel 3. Der Kettenbruch $K = \frac{1|}{|3} - \frac{1|}{|3} - \frac{1|}{|4} - \frac{1|}{|3} - \frac{1|}{|3} - \frac{1|}{|4} - \frac{1|}{|3} - \frac{1}{3}$ ist zu berechnen.

Der Zähler ist $3_7 + 3_1 \cdot 1 \cdot 3_5 + 3_4 \cdot 1 \cdot 3_2 + 3 \cdot 1 \cdot 3_2 \cdot 1 \cdot 3_2 = 2051$

der Nenner ist $3_8 + 3_2 \cdot 1 \cdot 3_5 + 3_5 \cdot 1 \cdot 3_2 + 3_2 \cdot 1 \cdot 3_2 \cdot 1 \cdot 3_2 = 5400$

Nebenrechnung	
987	2584
432	1152
440	1152
192	512
2051	5400

4. Lehrsatz (Zerlegungssatz). Es ist z. B. (vgl. Abb. A, 7):

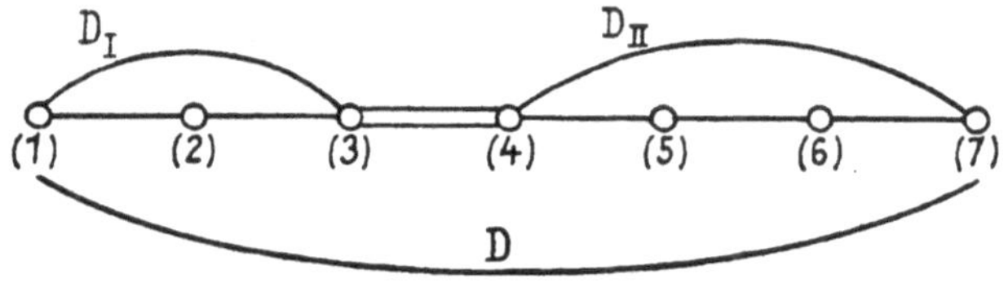

Abb. A, 7. Skizze zum Zerlegungssatz

$$\text{(A, 7)} \qquad \overset{21}{\underset{8}{(1.2.3.4.5.6.7)}} = \overset{3}{\underset{4}{(1.2.3)}}\overset{5}{\underset{5}{(4.5.6.7)}} - \overset{2}{\underset{3}{(1.2)}}\,\widehat{3.4}\,\overset{3}{\underset{4}{(5.6.7)}}$$

In Worten: Der Punktwert der gesamten Kette ist gleich dem Punktwert der beiden nur durch die eine Verbindung 3.4 getrennten Systeme 1.2.3 und 4.5.6.7, vermindert um das Produkt des Schleifenwertes $\widehat{3.4}$ mal dem Produkt des Restsystems, nämlich dem Produkt (1.2)(5.6.7). Setzt man $(1.2.3) = D_I$ und $(4.5.6.7) = D_{II}$, so kann man auch schreiben

$$D = D_I \cdot D_{II} - \widehat{3.4} \cdot D_{I_{-3}} \cdot D_{II_{-4}}$$

Beweis: Das System $\overset{21}{(1.\ .\ .\ .7)}$ enthält 21 Glieder gemäß (A, 5), das Produkt $\overset{3}{(1.2.3)}\overset{5}{(4.5.6.7)}$ entsprechend den übergeschriebenen Gliedzahlen nur 15 Glieder, darunter keines der 6 Glieder mit dem Schleifenwert $\widehat{3.4}$, die in D enthalten sind und daher auf der rechten Seite der Gleichung beigefügt werden müssen. Nach Satz 2 ist $D = 8 = 4 \cdot 5 - 3 \cdot 4$ für $z = 2$ entsprechend den bei (A, 7) unter den Punktwerten angeschriebenen Zahlen.

Dieser Zerlegungssatz ist für die weitere Untersuchung von besonderer Bedeutung. Zunächst kann man ihn benutzen, um lange Kettenbrüche zu zerlegen. Um etwa 3_{30} zu berechnen, braucht

[1]) Gemäß Determinantenrechnung ist z. B.

$$D + D' = \begin{vmatrix} a_{1.1} & a_{1.2} & & & \\ a_{2.1} & a_{2.2} & a_{2.3} + 0' & & \\ & a_{3.2} & a_{3.3} + a'_{3.3} & a_{3.4} & \\ & & a_{4.3} + 0 & a_{4.4} & a_{4.5} \\ & & & a_{5.4} & a_{5.5} \end{vmatrix} = \begin{vmatrix} a_{1.1} & a_{1.2} & & & \\ a_{2.1} & a_{2.2} & a_{2.3} & & \\ & a_{3.2} & a_{3.3} & a_{3.4} & \\ & & a_{4.3} & a_{4.4} & a_{4.5} \\ & & & a_{5.4} & a_{5.5} \end{vmatrix} + \begin{vmatrix} a_{1.1} & a_{1.2} & & & \\ a_{2.1} & a_{2.2} & 0' & & \\ & a_{3.2} & a'_{3.3} & a_{3.4} & \\ & & 0 & a_{4.4} & a_{4.5} \\ & & & a_{5.4} & a_{5.5} \end{vmatrix}$$

$$= D + \begin{vmatrix} a_{1.1} & a_{1.2} \\ a_{2.1} & a_{2.2} \end{vmatrix} \cdot \begin{vmatrix} a_{4.4} & a_{4.5} \\ a_{5.4} & a_{5.5} \end{vmatrix} \cdot a'_{3.3}$$

Schon dieses einfachste Beispiel zeigt, wie unbequem derartige Rechnungen sind, wenn man Determinanten verwendet.

man nicht 30 mal mit immer mehr anwachsenden Zahlen die rekurrierende Berechnung durchzuführen, sondern man setzt

Zahlenbeispiel 4. $3_{30} = 3_{15} \cdot 3_{15} - 3_{14} \cdot 3_{14}$. Um ferner z. B. den Kettenbruch ([11], S. 37) zu berechnen:

$$K = \frac{1|}{|2} - \frac{2|}{|3} - \frac{1|}{|3} - \frac{1|}{|3} - \frac{1|}{|3} - \frac{2|}{|3} - \frac{1|}{|2} - \frac{1|}{|3} - \frac{1|}{|2}$$
$$- \frac{1|}{|3} - \frac{1|}{|2} - \frac{1|}{|3} - \frac{1|}{|2} - \frac{1|}{|3} - \frac{2|}{|3} - \frac{1|}{|3} - \frac{1|}{|3} - \frac{1|}{|3}$$

hat man $\frac{(2.3.\ \ldots\ 18)}{(1.2.3.\ \ldots\ 18)} = \frac{(2.\ldots 9)(10.\ \ldots\ 18) - (2.\ldots 8)(11.\ldots 18)}{(1.2.\ldots 9)(10.\ \ldots\ 18) - (1.2.\ldots 8)(11.\ldots 18)}$, wobei $\widehat{9.10} = 1$.

Bezeichnet man den ersten Teil des Kettenbruchs mit $K^{(1)}$ und entsprechend die Näherungszähler und Näherungsnenner von $K^{(1)}$, und desgleichen den zweiten Teil mit $K^{(2)}$, so ist demnach

$$K = \frac{A_9^{(1)} B_9^{(2)} - A_8^{(1)} A_9^{(2)}}{B_9^{(1)} B_9^{(2)} - B_8^{(1)} A_9^{(2)}}$$

Diese Zerlegung bietet den Vorteil, daß bei der Berechnung von $K^{(1)}$ und $K^{(2)}$ wesentlich kleinere Zahlen auftreten.

Ein Sonderfall von Lehrsatz 4 ist die bekannte Rekursionsformel (vgl. Abb. A, 8).

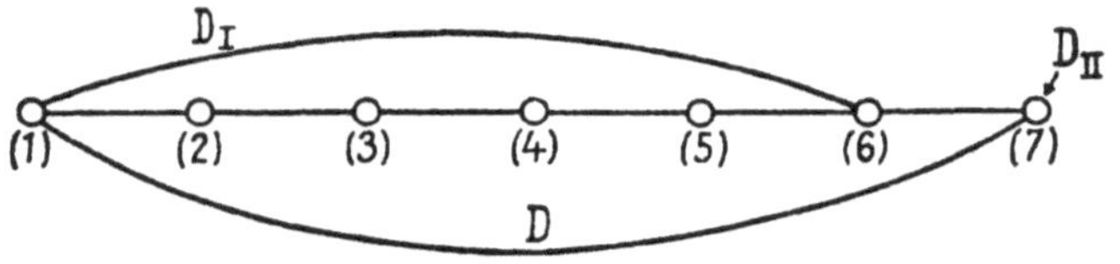

Abb. A, 8. Skizze zu dem Sonderfall von Lehrsatz 4

$$(1.2.3.4.5.6.7) = (1.2.3.4.5.6)(7) - (1.2.3.4.5)\widehat{6.7} \qquad \text{oder}$$

$$B_7 = a_7 \cdot B_6 - a_{6.7}\, a_{7.6}\, B_5 .$$

In diesem Falle ist $D_{II_{-7}}$ gleich dem Punktwert von null Punkten, d. h. gleich der Einheit.

Abgesehen von diesem Sonderfall scheint aber der Lehrsatz 4 noch nicht bekannt zu sein.

Weitere Anwendungen von Lehrsatz 4:

a) Die Darstellung von $\frac{(2.3.4.5)}{(1.2.3.4.5)}$ durch einen Kettenbruch ist bekannt. Es soll auch $\frac{(3.4.5)}{(1.2.3.4.5)}$ in einen solchen verwandelt werden. Man bildet

$$\frac{(3.4.5)}{(1.2)(3.4.5) - (1)\widehat{2.3}(4.5)} = \frac{1|}{|(1.2)} - \frac{(1)\widehat{2.3}|}{|(3)} - \frac{\widehat{3.4}|}{|(4)} - \frac{\widehat{4.5}}{(5)}$$

Zahlenbeispiel 5. Z. B. ist $\frac{3_5}{3_7} = \frac{3_5}{3_2.3_5 - 3.3_4} = \frac{1|}{|8} - \frac{3|}{|3} - \frac{1|}{|3} - \frac{1|}{|3} - \frac{1|}{|3} - \frac{1|}{|3}$

b) Zufolge nebenstehender Punktdarstellung (Abb. A, 9) ist

$$f_{3.3} = \frac{1}{(3) - \frac{\widehat{3.7}\cdot(8.9.10)}{(7.8.9.10)} - \frac{\widehat{2.3}\cdot(1)}{(1.2)} - \frac{\widehat{3.4}(5.6)}{(4.5.6)}}$$

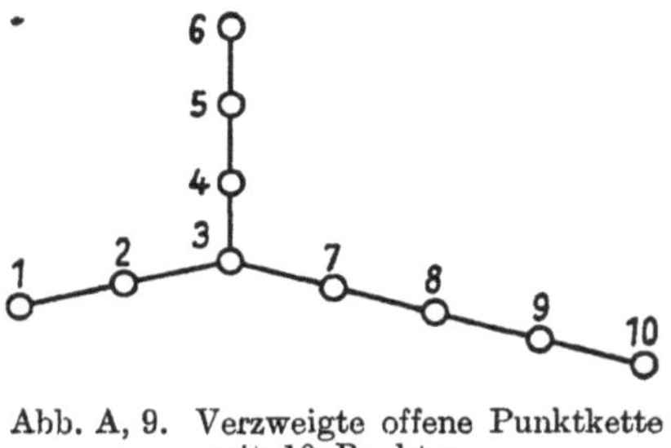

Abb. A, 9. Verzweigte offene Punktkette mit 10 Punkten

Dieser Ausdruck ist mit Hilfe des Zerlegungssatzes zu vereinfachen. Man erhält den Nenner

$$\begin{aligned}D &= (3)(7.8.9.10)(1.2)(4.5.6) - \overset{\frown}{3.7}(8.9.10)(1.2)(4.5.6) - \overset{\frown}{2.3}(1)(7.8.9.10)(4.5.6) - \overset{\frown}{3.4}(5.6)(7.8.9.10)(1.2)\\ &= (4.5.6)\{(3)(7.8.9.10)(1.2) - \overset{\frown}{3.7}(8.9.10)(1.2) - \overset{\frown}{2.3}(1)(7.8.9.10)\} - \overset{\frown}{3.4}(5.6)(7.8.9.10)(1.2)\\ &= (4.5.6)\{(1.2)(3.7.8.9.10) - \overset{\frown}{2.3}(7.8.9.10)\} - \overset{\frown}{3.4}(5.6)(7.8.9.10)(1.2)\\ &= (4.5.6)(1.2.3.7.8.9.10) - \overset{\frown}{3.4}(5.6)(7.8.9.10)(1.2)\end{aligned}$$

Mithin ist $f_{3.3} = \dfrac{(1.2)\,|3|\,(4.5.6)(7.8.9.10)}{(1.2.3.7.8.9.10)(4.5.6) - (1.2)\overset{\frown}{3.4}(5.6)(7.8.9.10)}$ oder, falls man anders zerlegt,

$$= \frac{\text{Zähler}}{(1.2.3.4.5.6)(7.8.9.10) - (1.2)\overset{\frown}{3.7}(8.9.10)(4.5.6)} = \frac{\text{Zähler}}{(6.5.4.3.7.8.9.10) - (1)\overset{\frown}{2.3}(7.8.9.10)(4.5.6)}\,.$$

Es sind mithin drei verschiedene Formen des Nenners D möglich, je nachdem man die Schleifenwerte $\overset{\frown}{3.4}$, $\overset{\frown}{3.7}$ oder $\overset{\frown}{3.2}$ benutzt.

5. Lehrsatz. Ändert sich in $D = (1.2.3.4.5.6.7)$ der Schleifenwert $\overset{\frown}{3.4}$ in $\overset{\frown}{3.4} + \overset{\frown}{3.4}'$, so hat man

$$D + D' = (1.2.3)(4.5.6.7) - (1.2)\overset{\frown}{3.4 + 3.4'}(5.6.7) = (1.2.3)(4.5.6.7) - (1.2)\overset{\frown}{3.4}(5.6.7) - (1.2)\overset{\frown}{3.4}'(5.6.7)$$
$= D - (1.2)\overset{\frown}{3.4}'(5.6.7)$ und es ist

$$\text{(A, 8)} \qquad \frac{\partial\,(1.2.3.4.5.6.7)}{\partial\,\overset{\frown}{3.4}} = -(1.2)(5.6.7)$$

Zahlenbeispiel 6. Der Kettenbruch $\frac{1|}{|3} - \frac{1|}{|3} - \frac{2|}{|3} - \frac{1|}{|3} - \frac{1|}{|3} - \frac{1}{3}$ ist zu berechnen. Hier ist der Wert $\overset{\frown}{2.3}$ um $+1$ vermehrt.

Daher ist der Zähler $3_5 - 1 \cdot 3_3 = 144 - 21 = 123$;
und der Nenner $3_6 - 3_1 \cdot 1 \cdot 3_3 = 377 - 63 = 314$.

6. Lehrsatz (Überschneidungssatz). Lehrsatz 4 ist der Grenzfall eines weit allgemeineren Satzes. Man kann nämlich statt der Zerlegung (1.2.3)(4.5.6.7), wobei die Grenzpunkte 3 und 4 benachbart sind, zerlegen etwa in (1.2.3.4.5)(3.4.5.6.7). Jetzt überschneiden sich die durch die Zerlegung entstandenen Teilpunktwerte um 3, 4 und 5 (Abb. A, 10).

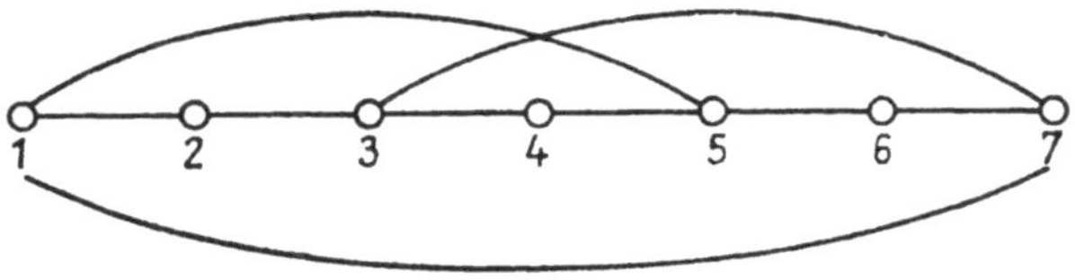

Abb. A, 10. Skizze zum Überschneidungssatz (3 gemeinsame Punkte)

Dabei ist

$$\text{(A, 9)} \qquad \underset{8}{\overset{21}{(1.2.3.4.5.6.7)}}\underset{4}{\overset{3}{(3.4.5)}} = \underset{6}{\overset{8}{(1.2.3.4.5)}}\underset{6}{\overset{8}{(3.4.5.6.7)}} - \underset{2}{\overset{1}{(1)}}\overset{\frown}{2.3}\,\overset{\frown}{3.4}\,\overset{\frown}{4.5}\,\overset{\frown}{5.6}\underset{2}{\overset{1}{(7)}}$$

Denn es leuchtet ein, daß das Glied $(1)\overset{\frown}{2.3}\,\overset{\frown}{3.4}\,\overset{\frown}{5.6}(7)$ zwar in (1.2.3.4.5)(3.4.5.6.7) vorkommt, nicht aber in (1.2.3.4.5.6.7)(3.4.5). Es muß daher von dem ersten Produkt abgezogen werden, damit Gleichheit entsteht. Daß ferner die Forderungen des Satzes 2 befriedigt sind, zeigt der Bau der Gleichung (A, 9) sowie die darüber und darunter angeschriebenen Zahlen ($21 \cdot 3 = 8 \cdot 8 - 1 \cdot 1$, Probe der Gliederzahl; $8 \cdot 4 = 6 \cdot 6 - 2 \cdot 2$: Probe 2_n).

Ferner ist etwa (Abb. A, 11)

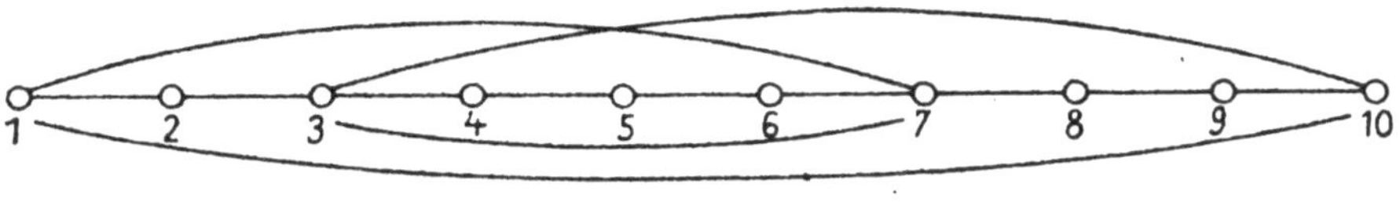

Abb. A, 11. Skizze zum Überschneidungssatz (5 gemeinsame Punkte)

$$\underset{11}{\overset{89}{(1.\ \ .10)}}\underset{6}{\overset{8}{(3.\ \ .7)}} = \underset{8}{\overset{21}{(1.\ \ .7)}}\underset{9}{\overset{34}{(3.\ \ .10)}} - \underset{2}{\overset{1}{(1)}}\overset{\frown}{2.3}\,\overset{\frown}{3.4}\,\overset{\frown}{4.5}\,\overset{\frown}{5.6}\,\overset{\frown}{6.7}\,\overset{\frown}{7.8}\underset{3}{\overset{2}{(9.10)}}$$

Die Überschneidung wird am kleinsten, wenn die Teilpunktwerte nur einen Punkt gemeinsam haben (Abb. A, 12).

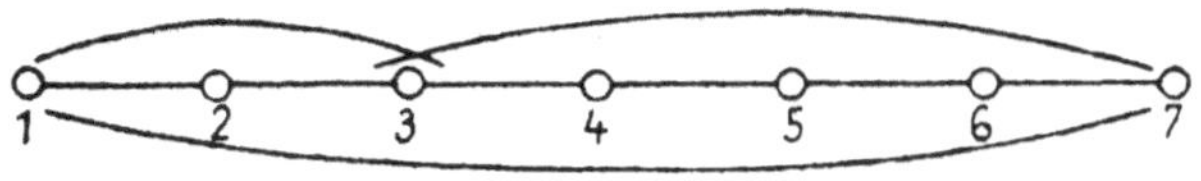

Abb. A, 12. Skizze zum Überschneidungssatz (1 gemeinsamer Punkt)

Dann ist $$(1.\;.7)(3) = (1.2.3)(3.4.5.6.7) - (1)\overset{\frown}{2.3}\cdot\overset{\frown}{3.4}\cdot(5.6.7)$$

Ein bereits bekannter Sonderfall dieses allgemeinen Satzes ist die für allgemeine negative Kettenbrüche geltende Beziehung

$$A_n B_{n-1} - A_{n-1} B_n = \overset{\frown}{1.2}\;\overset{\frown}{2.3}\;\overset{\frown}{3.4}\;\ldots\;\overset{\frown}{n-1.n}$$

Nach Abb. A, 12 hat man etwa

$$\underset{7}{\overset{13}{(2.\;.7)}}\underset{7}{\overset{13}{(1.\;.6)}} - \underset{6}{\overset{8}{(2.\;.6)}}\underset{8}{\overset{21}{(1.\;.7)}} = \overset{\frown}{1.2}\cdot\overset{\frown}{2.3}\cdot\overset{\frown}{3.4}\cdot\underset{1}{\overset{1}{}}\overset{\frown}{4.5}\cdot\overset{\frown}{5.6}\cdot\overset{\frown}{6.7}$$

Der Überschneidungssatz kann zunächst in ähnlicher Weise wie der Zerlegungssatz dazu dienen, große Punktwerte durch kleinere auszudrücken. Ferner kann man mit seiner Hilfe schwierig scheinende Ausdrücke, wie vorstehend $(1.\;.7)\cdot(3.\;.10) - (1.\;.10)\cdot(3.\;.7)$ durch ein erheblich einfacheres Glied ersetzen.

Nach dem Überschneidungssatz ist $z_{n+1} z_{n-1} = z_n^2 - 1$, was für $z = 2$ übergeht in $(n+1)(n-1) = n^2 - 1$.

Die vielen Möglichkeiten für die Umformung der Punktwerte $(1.\;.n)$ sind mit den vorstehenden Regeln nicht erschöpft. Es wurden hier nur diejenigen behandelt, die für die noch folgenden Untersuchungen benötigt werden. Dabei wird der Zerlegungs- und Überschneidungssatz noch weiter verallgemeinert werden.

Die große Umwandlungsfähigkeit der Ausdrücke $(1.\;.n)$ folgt aus dem Umstande, daß sie, wie im letzten Abschnitt nachgewiesen wird, verallgemeinerte Sinusfunktionen sind.

III. Allgemeine Berechnung der $f_{\mu.\nu}$

Das Produkt aus Verbindungswert mal restlichem Punktwert $|\mu\;.\;.\;.\;\nu|\cdot D_{Rest}$ bezeichnen wir als Verbindungsprodukt $[\mu\;.\;.\;.\;\nu]$ und das Produkt aus Schleifenwert mal restlichem Punktwert $\overset{\frown}{\mu\;.\;.\;.\;\nu}\cdot D_{Rest}$ als Schleifenprodukt $\underset{\smile}{\overset{\frown}{\mu\;.\;.\;.\;\nu}}$.

Für die Berechnung des Zählers und Nenners von $f_{\mu.\nu}$, für $F_{\mu.\nu}$ und D, gelten dann zwei Hauptgesetze, auf denen, abgesehen von den Rechenregeln der Punktwerte $(1.\;.n)$, die folgende Auflösung der linearen Gleichungen an Hand der Punktdarstellung beruht.

1. Das Gesetz der Verbindungsprodukte

Die Zählerdeterminante $F_{\mu.\nu}$ ist gleich der Summe der für sie vorhandenen Verbindungsprodukte. Demnach ist

(A, 10) $$F_{\mu.\nu} = \sum[\mu\;.\;.\;.\;\nu]$$

Wir beweisen die Behauptung nachstehend etwa für die Determinante 5. Ordnung.

Die bekannte Berechnung des quadratischen Wertes $F_{\mu.\mu}$ läßt sich sofort erledigen. Der Verbindungswert von μ zu μ ist $|\mu| = 1$, es gibt nur diesen einen verschwindenden Verbindungsweg, zu dem der Wert der Einheit gehört. $F_{\mu.\mu}$ ist daher der übrigbleibende Punktwert, wenn man den Punkt μ aus der Punktdarstellung wegstreicht.

Denn es ist z. B. $F_{1,1} = 1\cdot\begin{vmatrix} a_2 & a_{2.3} & a_{2.4} \\ a_{3.2} & a_3 & a_{3.4} \\ a_{4.2} & a_{4.3} & a_4 \end{vmatrix}$, wie aus der Determinantenrechnung bekannt ist.

Man kann schreiben $F_{\mu.\mu} = |\mu| \cdot D_{-\mu}$ und $f_{\mu.\mu} = \frac{|\mu| \cdot D_{-\mu}}{D}$ mit $|\mu| = 1$.

Wir wenden uns jetzt zur Berechnung von etwa $F_{1.5}$.

Nach der üblichen Formelsprache ist $K_1 = f_{1.1} w_1 + f_{1.2} w_2 + f_{1.3} w_3 + f_{1.4} w_4 + f_{1.5} w_5$.

Mithin wird K_1 zu $f_{1.5}$ bei $w_5 = 1$ und $w_1 = w_2 = w_3 = w_4 = 0$.

Daher ist

$$F_{1.5} = \begin{vmatrix} 0 & -a_{1.2} & -a_{1.3} & -a_{1.4} & -a_{1.5} \\ 0 & a_2 & -a_{2.3} & -a_{2.4} & -a_{2.5} \\ 0 & -a_{3.2} & a_3 & -a_{3.4} & -a_{3.5} \\ 0 & -a_{4.2} & -a_{4.3} & a_4 & -a_{4.5} \\ 1 & -a_{5.2} & -a_{5.3} & -a_{5.4} & a_5 \end{vmatrix} \quad \text{d. h. } F_{1.5} \text{ ist die Adjunkte von } a_{5.1}$$

Der Wert dieser Adjunkte ist aber gleich der Produktsumme aller Verbindungswerte von 1 nach 5 mal der jedesmaligen Restdeterminante. Denn man erhält für diese Adjunkte folgende Einzelglieder, wobei unter jedem Verbindungswert der zugehörige restliche Punktwert angeschrieben ist (vgl. Abb. A, 13). Die Verbindungswerte sind nach der Zahl der in ihnen vorkommenden Elemente in 4 Klassen geordnet, z. B. $a_{1.5}$ mit nur einem Element in Klasse 1, und etwa $a_{1.2} a_{2.3} a_{3.5}$ in Klasse 3.

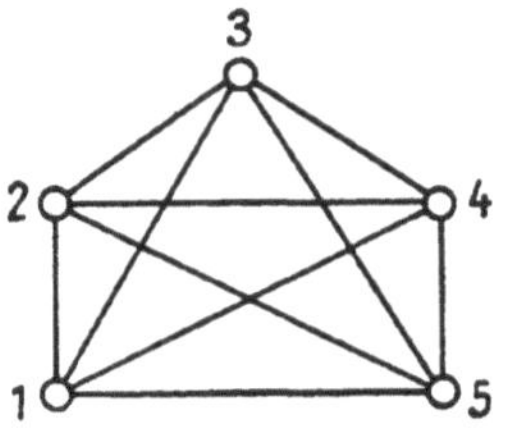

Abb. A, 13. Punktdarstellung des allgemeinen Systems von 5 linearen Gleichungen

Anzahl: 1 | 3 | 6

$a_{1.5}$
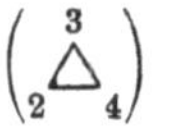

$a_{1.2} a_{2.5}$ (3.4) $\quad a_{1.3} a_{3.5}$ (2.4) $\quad a_{1.4} a_{4.5}$ (2.3)

$a_{1.2} a_{2.3} a_{3.5}$ (4) $\quad a_{1.2} a_{2.4} a_{4.5}$ (3) $\quad a_{1.3} a_{3.2} a_{2.5}$ (4) $\quad a_{1.4} a_{4.2} a_{2.5}$ (3)

$a_{1.4} a_{4.3} a_{3.5}$ (2) $\quad a_{1.3} a_{3.4} a_{4.5}$ (2)

Anzahl: 6

$a_{1.3} a_{3.2} a_{2.4} a_{4.5}$ (0) $\quad a_{1.2} a_{2.4} a_{4.3} a_{3.5}$ (0) $\quad a_{1.3} a_{3.4} a_{4.2} a_{2.5}$ (0) $\quad a_{1.2} a_{2.3} a_{3.4} a_{4.5}$ (0) $\quad a_{1.4} a_{4.3} a_{3.2} a_{2.5}$ (0) $\quad a_{1.4} a_{4.2} a_{2.3} a_{3.5}$ (0)

Demnach sind vorhanden $1 + 3 + 6 + 6 = 1 + (5 - 2) + (5 - 2)(5 - 3) + (5 - 2)(5 - 3)(5 - 4)$ Produkte: Verbindungswert mal Restwert. Z. B. entsteht das erste Verbindungsprodukt dadurch, daß man den Verbindungsweg mit seinen Punkten 1 und 5 nebst den Verbindungslinien nach den Punkten 2, 3, 4 wegstreicht. Dann bleibt als restliche Punktdarstellung das Dreieck 2, 3, 4 übrig, zu dem als Determinante

$$\begin{vmatrix} a_2 & -a_{2.3} & -a_{2.4} \\ -a_{3.2} & a_3 & -a_{3.4} \\ -a_{4.2} & -a_{4.3} & a_4 \end{vmatrix}$$

gehört. Sie hat entwickelt 6 Glieder. Löst man in dieser Weise die sämtlichen Verbindungsprodukte auf, so erhält man, wie es sein muß, für die gesuchte Adjunkte 4. Ordnung $4 \cdot 3 \cdot 2 \cdot 1 = 24$ Glieder.

Bei den Verbindungswerten mit 5 Zahlen, wie etwa $a_{1.3} a_{3.2} a_{2.4} a_{4.5} = |1.2.3.4.5|$, bleiben als Restsystem Null Punkte übrig, zu denen entsprechend $(0) = 1$ als Punktwert die Einheit gehört.

Es ist noch zu beachten, daß in den Verbindungswegen keine Wiederholung von Punktzahlen vorkommen darf. Der Verbindungswert von etwa $a_{1.3} a_{3.2} a_{2.4} a_{4.3} a_{3.5} = |1.3.2.4.3.5|$, in dem die Zahl 3 doppelt auftritt, ist daher nicht möglich. Eine solche Wiederholung von Punktzahlen würde dem 2. Lehrsatz von Abschnitt II widersprechen.

Wichtig ist noch die Feststellung, daß, falls sämtliche $a_{\mu.\nu}$ mit negativem Vorzeichen versehen sind, alle Verbindungsprodukte in der Formel das positive Vorzeichen erhalten. Würde man die $a_{\mu.\nu}$ positiv anschreiben, so würden sich in der Formel (A, 10): $F_{\mu.\nu} = \sum [\mu \ldots \nu]$ die Vorzeichen abwechseln[1]).

Die Zahl der Verbindungsprodukte wächst mit der Ordnungszahl der Determinante schnell an. Für die Ordnungszahl n ist ihre Anzahl

(A, 11) $$V = 1 + (n - 2) + (n - 2)(n - 3) + (n - 2)(n - 3)(n - 4) + \ldots$$

[1]) Aus diesem Grunde ist von vornherein die Matrix des unsymmetrischen Systems mit negativen Elementen angeschrieben worden.

Nebenstehende kleine Tabelle gibt die entsprechenden Zahlen, wobei zum Vergleich noch die normale Gliedzahl m der entwickelten Adjunkte beigefügt ist.

Der Satz über die Verbindungsprodukte gilt allgemein für alle linearen Gleichungen. Bei der anscheinend großen Zahl dieser Produkte liegt es zunächst nahe, ihm keinen besonderen Wert beizumessen. Es ist aber gerade eine Eigentümlichkeit der Punktdarstellungen mit Verzweigung und Maschenbildung, daß die Zahl der Verbindungswege sehr gering ist und die einzelnen Wege leicht von der Figur abgelesen werden können.

n	V	m
2	1	1
3	2	2
4	5	6
5	16	24
6	65	120
7	326	720
8	1957	5040

Tabelle der Zahl der Verbindungsprodukte

2. Gesetz der Schleifenprodukte

(A, 12)
$$D = D_{-\mu.\nu} - \Sigma \overset{\frown}{\underset{\smile}{\mu \ldots \nu}}$$

In Worten: Verbindet man zwei bisher getrennte Punkte μ und ν einer Punktdarstellung, so wird dadurch der gesamte Punktwert um die Summe der zu dieser Verbindung gehörigen Schleifenprodukte verringert. Dieser Hauptsatz gestattet die Berechnung der Nenner-Determinante des Systems.

Den Beweis führen wir wieder mit der Determinante 5. Ordnung. Angenommen, es wären die Elemente $a_{5.1}$ und $a_{1.5}$ Null und es wäre dann $D_{-1.5}$ der Wert der Determinante 5. Ordnung. Es soll an Hand der Punktdarstellung angegeben werden, um welchen Betrag $D_{-1.5}$ sich ändert, falls $a_{5.1}$ und $a_{1.5}$ beliebige Werte annehmen.

Der Zuschlag, der sich ergibt durch das alleinige Vorhandensein von $a_{5.1}$, ist $a_{5.1}$ mal der zugehörigen Adjunkte, die wir soeben mit Hilfe der Verbindungsprodukte bestimmt haben. Daher wird etwa für $a_{5.1}$ jetzt der Zuschlag:

$$- a_{5.1} \cdot a_{1.5} \left(\begin{smallmatrix} & 3 & \\ & \triangle & \\ 2 & & 4 \end{smallmatrix}\right) = - \overset{\frown}{\underset{\smile}{1.5}}\,,$$

und etwa für den Verbindungswert $|1.2.3.4.5|$ der Zuschlag

$$- a_{5.1} a_{1.2} a_{2.3} a_{3.4} a_{4.5} (0) = - \overset{\frown}{\underset{\smile}{1.2.3.4.5}} = - \overset{\frown}{1.2.3.4.5}\,.$$

Ganz entsprechend wird für $a_{1.5}$ der Zuschlag $- a_{1.5} a_{5.1} \left(\begin{smallmatrix} & 3 & \\ & \triangle & \\ 2 & & 4 \end{smallmatrix}\right) = \overset{\frown}{\underset{\smile}{1.5}}$ und etwa für 5.4.3.2.1:

$$- a_{1.5} a_{5.4} a_{4.3} a_{3.2} a_{2.1} (0) = - \overset{\frown}{\underset{\smile}{5.4.3.2.1}} = - \overset{\frown}{5.4.3.2.1}\,.$$

Bei dieser Art der Berechnung beträgt demnach der Zuschlag für $a_{5.1}$ und $a_{1.5}$ je für den Weg 1.2.3.4.5 und 5.4.3.2.1 insgesamt

$$- (a_{1.2} a_{2.3} a_{3.4} a_{4.5} a_{5.1} + a_{5.4} a_{4.3} a_{3.2} a_{2.1} a_{1.5}) (0) = - \overset{\frown}{\underset{\smile}{1.2.3.4.5}}$$

Dagegen wird auf diese Weise der Zuschlag $- a_{1.5} a_{5.1} \left(\begin{smallmatrix} & 3 & \\ & \triangle & \\ 2 & & 4 \end{smallmatrix}\right)$ doppelt berechnet und ist daher nur einmal in Rechnung zu stellen.

Fügt man in die Punktdarstellung noch weitere Verbindungslinien ein, so wird die Schleifenberechnung wiederholt. Wie dabei im einzelnen zu verfahren ist, ergeben die noch folgenden Untersuchungen.

Die Zahl der Schleifenprodukte ist gleich der Zahl der Verbindungswege, die zu der betreffenden Verbindung gehören.

Betrachtet man die Formeln (A, 10) und (A, 12), so liegt der Vergleich mit den Kraftmomenten der Mechanik nahe. Die Verbindungs- und Schleifenwerte sind gleichsam Hebelarme, an denen die Punktwerte als Gewichte wirken. Nehmen die Hebelarme zu, dann verringern sich entsprechend die Gewichte. Allerdings trifft dieser Vergleich nur sehr bedingt zu; vor allem deswegen, weil die in Betracht kommenden Größen sich nicht stetig, sondern stets sprungweise ändern.

IV. Punktketten ohne Maschenbildung

1. Die einfache offene Punktkette (Abb. A, 14)

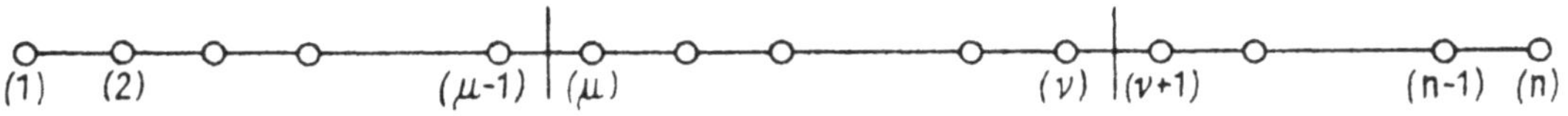

Abb. A, 14. Punktdarstellung der einfachen Punktkette aus n Punkten

Es ist $f_{\mu.\nu} = \frac{F_{\mu.\nu}}{D}$. Dabei ist $D = (1.\ .n)$. Zwischen μ und ν gibt es nur einen Verbindungsweg. Daher ist

(A, 13) $$F_{\mu.\nu} = (1.\ .\ \mu - 1)\,|\mu.\ .\nu|\,(\nu + 1.\ .n)$$

Diese Formel gilt auch für $\mu = \nu$. In diesem Falle wird $|\mu.\ .\nu|$ zu $|\mu| = 1$. Ferner ist $F_{\nu.\mu} = (n.\ .\nu + 1)\,|\nu.\ .\ .\mu|\,(\mu \dot{-} 1.\ .1)$. Somit hat man

(A, 14) $$\frac{f_{\mu.\nu}}{f_{\nu.\mu}} = \frac{|\mu.\ .\ .\nu|}{|\nu.\ .\ .\mu|} = \frac{p_{\mu.\nu}}{p_{\nu.\mu}}$$

Für $a_\mu = z$ und $a_{\mu.\nu} = 1$ ist $f_{\mu.\nu} = \frac{z_{\mu-1}\, z_{n-\nu}}{z_n}$ und für Winkelnormalgleichungen mit $z = 3$

(A, 15) $$-2f_{\mu.\nu} = \frac{N_\mu \cdot N_{n+1-\nu}}{N_{n+1}} = \frac{3_{\mu-1}\, 3_{n-\nu}}{3_n}$$

Alle diese Formeln lassen sich in anschaulicher Weise von der Punktdarstellung ablesen.

Drückt man das Ergebnis durch die Näherungsbrüche aus, so hat man

(A, 16) $$f_{\mu.\nu} = \frac{B_{\mu-1} \cdot p_{\mu.\nu} \cdot B'_{n-\nu}}{B_n}\text{ [1]} \quad \text{mit } p_{\mu.\mu} = 1 \text{ für } \mu = \nu$$

Nachstehend das Rechenmuster für die Kettenbruchrechnung, z. B. bei $n = 6$.

(A,17)

$B_6 = B_6'$	B_5'	B_4'	B_3'	B_2'	B_1'	B_0'	
1	1	$p_{1.2}$	$p_{1.3}$	$p_{1.4}$	$p_{1.5}$	$p_{1.6}$	B_0
2		1	$p_{2.3}$	$p_{2.4}$	$p_{2.5}$	$p_{2.6}$	B_1
3			1	$p_{3.4}$	$p_{3.5}$	$p_{3.6}$	B_2
4				1	$p_{4.5}$	$p_{4.6}$	B_3
5					1	$p_{5.6}$	B_4
6						1	B_5
	1	2	3	4	5	6	$B_6 = B_6'$

So ist z. B.: $B_6 \cdot f_{3.5} = B_1' \cdot p_{3.5} \cdot B_2$

und: $B_6 \cdot f_{4.4} = B_2' \cdot B_3$

ferner: $B_6 \cdot f_{5.3} = \frac{p_{5.3}}{p_{3.5}} \cdot B_1' \cdot p_{3.5} \cdot B_2$

gemäß (A, 14)

Um sämtliche Koeffizienten für beliebige Elemente $a_{\mu.\nu}$ zu finden, hat man demnach nur für den einen Kettenbruch $\frac{(2.3.\ .\ .n)}{(1.2.\ .\ .n)}$ die Näherungs**nenner** (**ohne** die Näherungs**zähler**) zu berechnen, wobei die Rechnung durch die Bestimmung der Näherungsnenner des inversen Kettenbruches und die damit erreichte durchgreifende Rechenprobe $(1.\ .n) = B_n = (n.\ .1) = B_n'$ geprüft wird.

Zahlenbeispiel 7 (anschließend an Zahlenbeispiel 1, S. 5). Von Zahlenbeispiel 1 werden nur die B_μ und B_μ' sowie die aus Abb. A, 6 zu entnehmenden Werte $p_{\mu.\nu}$ benötigt. Bei der Berechnung der $p_{\mu.\nu}$ gilt für die negativen Werte $a_{\mu.\nu}$ das Pluszeichen und umgekehrt.

3078	753	160	47	7	1	
1	1	3	−3	6	18	1
2		1	−1	2	6	6
3			1	−2	−6	21
4				1	3	78
5					1	540
	1	2	3	4	5	3078

Nach dem Rechenmuster ist z. B.

$$3078\ f_{4.4} = 7 \cdot 78 = 546$$

[1]) Lehrreich ist der Vergleich dieser einzigen kurzen Formel mit unseren bisherigen Ergebnissen [11], (4), (4 a) und (4 b).

Zahlenbeispiel 8 (entnommen aus [18], Bd. III). Auflösung eines Systems der häufig vorkommenden dreigliedrigen Elastizitätsgleichungen (vgl. Abb. A, 15) mittels Dezimalbruchrechnung.

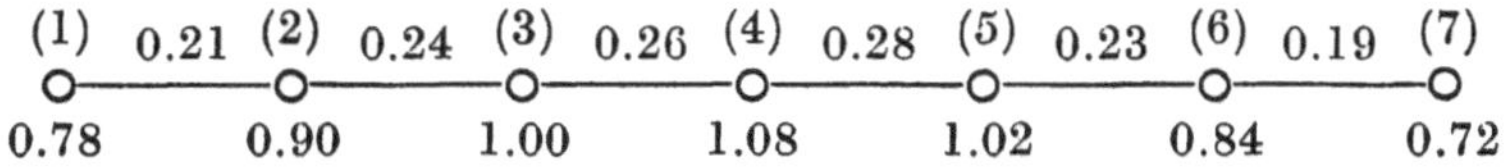

Abb. A, 15. Punktdarstellung eines Systems von Elastizitätsgleichungen

Sämtliche Werte wurden durch 100 dividiert. Die Rechnung liefert daher die Werte $100\, f_{\mu.\nu}$.

Kettenbruchrechnung

vorwärts

		0.044	0.058	0.068	0.078	0.053	0.036
		0.9	1.0	1.08	1.02	0.84	0.72
1	0.78	0.66	0.62	0.63	0.59	0.46	0.31

rückwärts

		0.036	0.053	0.078	0.068	0.058	0.044
		0.84	1.02	1.08	1.0	0.9	0.78
1	0.72	0.568	0.54	0.54	0.50	0.42	0.31

0.31	0.42	0.50	0.54	0.54	0.57	0.72	1	
1	1	-0.21	0.05	-0.01	0.025	-0.006	0.001	1
2		1	-0.24	0.062	-0.015	0.003	-0.001	0.78
3			1	-0.26	0.073	-0.016	0.003	0.66
4				1	-0.28	0.062	-0.015	0.62
5					1	-0.23	0.05	0.63
6						1	-0.19	0.59
7							1	0.46
	1	2	3	4	5	6	7	0.31

Das Beispiel wurde nur flüchtig mit dem Rechenschieber durchgerechnet. Die Ergebnisse stimmen aber mit denen von MÜLLER-BRESLAU überein.

Die Vorteile dieser neuen und einfachen Formel (A, 16) sind einleuchtend. Man hat nur einen einzigen Kettenbruch in der einfachsten Weise nebst durchgreifender Rechenprobe zu berechnen. Dann sind sämtliche Koeffizienten durch Bildung je eines einzigen Produktes gegeben. Die Formel (A, 16) eignet sich daher besonders auch zur Berechnung mit Rechenschieber, Logarithmen oder Rechenmaschinen. Ferner werden alle Werte mit gleich großer Genauigkeit bestimmt entgegen dem sonst üblichen Rechenverfahren, bei dem allmählich immer eine Unbekannte nach der anderen aus den bereits bekannten Unbekannten gefunden wird[1]). Auch hat man noch den Vorteil, daß die Kontrollgleichungen erheblich vermehrt werden, denn als solche dienen jetzt sämtliche Ausgangsgleichungen. Schließlich darf man den Vorzug nicht unterschätzen, daß sämtliche Formeln $f_{\mu.\nu}$ unmittelbar an der Punktdarstellung abgelesen werden können, daß man also gewissermaßen plastische Formeln erhält, mit denen der Rechner eine anschauliche Vorstellung verbindet, und daß somit das Aufsuchen der Ergebnisse nicht in öde, rein formale Rechnerei ausartet.

Erwähnenswert sind noch gewisse Symmetrieeigenschaften. Auch bei unsymmetrischem System haben die symmetrisch zur Hauptdiagonale — vgl. (A, 17) — gelegenen $F_{\mu.\nu}$ und $F_{\nu.\mu}$ sonst denselben Wert, nur wird bei $F_{\nu.\mu}$ der Verbindungsweg statt von μ nach ν umgekehrt von ν nach μ zurückgelegt. Die symmetrisch zur Nebendiagonale gelegenen $F_{\mu.\nu}$ haben eine andere Symmetrieeigenschaft, die man als „Spiegelung" bezeichnen kann. Zu den 6 Zahlen $\begin{matrix} 1 & 2 & 3 & 4 & 5 & 6 \\ 6 & 5 & 4 & 3 & 2 & 1 \end{matrix}$ gehören durch Spiegelung die daruntergeschriebenen.

Entsprechend gehört etwa zu $F_{2.4}$ der symmetrisch zur Nebendiagonale befindliche Wert, wobei 3 zu 4 und 5 zu 2 gehört; und es ist $F_{2.4} = B_1 p_{2.4} B_2'$ und $F_{3.5} = B_1' p_{3.5} B_2$, so daß nur der Strich der Werte B und B' den Platz tauscht. Die in der Nebendiagonale selbst befindlichen $F_{1.6}$, $F_{2.5}$, $F_{3.4}$ sind ihr eigenes Spiegelbild, so daß z. B. $F_{3.4} = B_2 p_{3.4} B_2'$.

[1]) MÜLLER-BRESLAU, Graphische Statik III, S. 173. „Die Auflösung derartiger Gleichungen erfordert Kettenrechnungen, bei denen sich Ungenauigkeiten fortpflanzen." „Auch auf die Übersichtlichkeit des Ansatzes ist Rücksicht zu nehmen."

2. Die verzweigte offene Punktkette

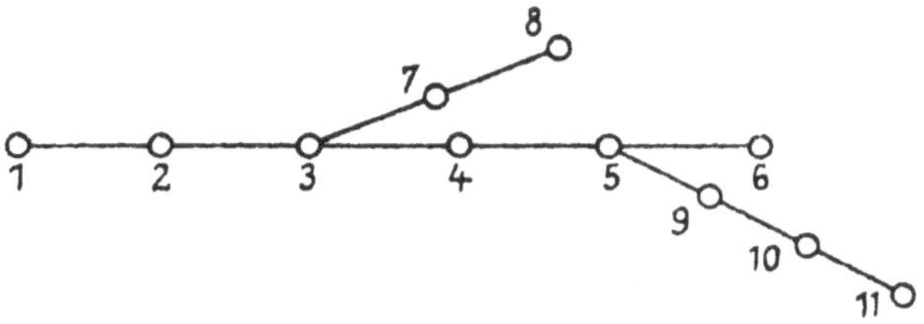

Abb. A, 16
Verzweigte offene Punktkette mit 2 Verzweigungspunkten

Für die Berechnung des Gesamtpunktwertes D stehen mehrere Arten der Berechnung zur Verfügung.

a) Man schneidet (vgl. Abb. A, 16) die Zweige ab und verändert an den Zweigstellen die betreffenden Werte der Punkte 3 und 5. Dann folgt D als Kettenbruchnenner $(1.2.3+3'.4.5+5'.6)$ nach der üblichen rekurrenten Rechenweise. Man kann aber auch nach Abschnitt A, II, 3. Lehrsatz, den neuen Kettenbruchnenner entwickeln. Die Veränderung von (3) beträgt $-\frac{(8)}{(7.8)}$ und von (5): $-\frac{(10.11)}{(9.10.11)}$, daher ist

$$\frac{D}{(7.8)(9.10.11)} = (1.2.3.4.5.6) - (1.2)\frac{(8)}{(7.8)}(4.5.6) - (1.2.3.4)\frac{(10.11)}{(9.10.11)}(6) + (1.2)\frac{(8)}{(7.8)}(4)\frac{(10.11)}{(9.10.11)}(6)$$

Zu beachten ist bei der Berechnungsart a), daß die Nenner der Zweigkettenbrüche zu berücksichtigen sind, um den Wert D in ganzen Zahlen zu finden.

b) Man läßt an den Zweigstellen je eine der drei Verbindungen offen. Man hat dann entsprechend Abb. A, 16, falls zunächst die Verbindungen 3.7 und 5.9 fortbleiben,

$$\text{(A, 18)} \qquad D = D_{-3.7-5.9} - \overset{\frown}{3.7}\, D_{-3-7-5.9} - \overset{\frown}{5.9}\, D_{-3.7-5-9} + \overset{\frown}{3.7}\cdot\overset{\frown}{5.9}\, D_{-3-7-5-9}$$

Zahlenbeispiel 9. Gemäß Abb. A, 17, Tabelle 78 in [11], S. 66. Nach Berechnung a) ist $\frac{D}{(9)(2.4)} = \left(1.3.5 - \frac{(2)}{(2.4)}.6 - \frac{1}{(9)}.7.8\right)$; ferner $(5) - \frac{(2)}{(2.4)}$ für Winkelnormalgleichungen $= 3 - \frac{3}{8} = \frac{21}{8}$ und $(6) - \frac{1}{(9)} = 3 - \frac{1}{3} = \frac{8}{3}$.

Mithin rekurrente Berechnung			1	1	1	1	1
		3	3	$\frac{21}{8}$	$\frac{8}{3}$	3	3
und $D = 6384$	1	3	8	$\frac{144}{8}$	$\frac{960}{24}$	$\frac{2448}{24}$	$\frac{6384}{24}$

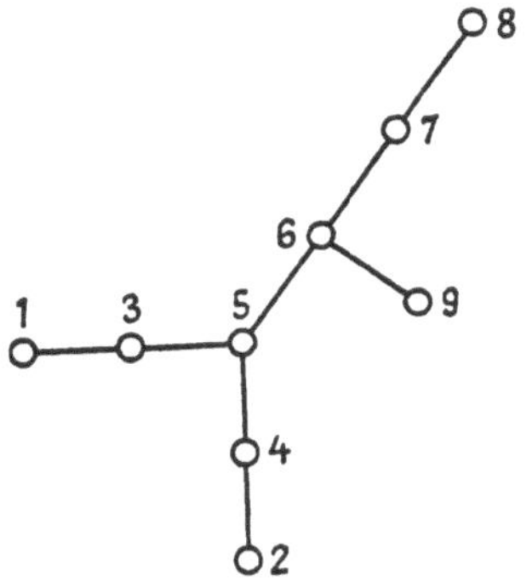

Abb. A, 17. Offene Punktkette mit 2 Verzweigungspunkten

Oder man rechnet:

$$\frac{D}{(9)(2.4)} = (1.3.5.6.7.8) - (1.3)\frac{3}{8}(6.7.8) - (1.3.5)\frac{1}{3}(7.8) + (1.3)\frac{3}{8}\cdot\frac{1}{3}\cdot(7.8)$$

$$D = 377\cdot 3\cdot 8 \; - \; 8\cdot 3\cdot 3\cdot 21 \; - \; 21\cdot 8\cdot 8 \; + 8\cdot 3\cdot 8 = 6384$$

Nach Berechnung b) ist, falls 5.4 und 6.9 zunächst offen bleiben,

$$D = (1.3.5.6.7.8)(2.4)(9) - \overset{\frown}{4.5}(1.3)(2)(6.7.8)(9) - \overset{\frown}{6.9}(1.3.5)(2.4)(7.8) + (1.3)(2)(7.8)$$
$$= 377\cdot 8\cdot 3 \; - \; 8\cdot 3\cdot 21\cdot 3 \; - \; 21\cdot 8\cdot 8 \; + 8\cdot 3\cdot 8 \text{ wie vorher.}$$

Für die Berechnung des Zählers $F_{\mu.\nu}$ steht wieder nur ein Weg zur Verfügung, um von μ nach ν zu gelangen. Mithin besteht $F_{\mu.\nu}$ nur aus einem Gliede. Es ist z. B. nach Abb. A, 17:

$$F_{3.9} = (1)(2.4)|3.5.6.9|(7.8) = 3\cdot 8\cdot 8 = 192, \text{ daher für Winkelnormalgleichungen}$$

$$f_{3.9} = -\frac{192}{2\cdot 6384} = -0.01504.$$

3. Es ist von Interesse, die Frage zu untersuchen, wann verschiedene $F_{\mu.\nu}$ gleiche Werte erhalten. Hierzu ist nicht immer Symmetrie erforderlich, sondern es genügt bei $a_\mu = z$ und $a_{\mu.\nu} = \pm 1$, daß die Wegestrecken gleich sind und die dazugehörigen Restwerte, da dann auch die Summen der Verbindungsprodukte, mithin die $F_{\mu.\nu}$ selbst, gleich werden.

Gemäß Abb. A, 17 ist $F_{6.3} = F_{6.4}$ durch Symmetrie, $= F_{7.5}$ bei gleicher Wegelänge. Es ist

$$F_{6.3} = (1)(2.4)|3.5.6|(9)(7.8) = 3\cdot 8\cdot 3\cdot 8 \quad \text{und}$$
$$F_{7.5} = (1.3)(2.4)|5.6.7|(8)(9) = 8\cdot 8\cdot 3\cdot 3,$$

d. h. die Restsysteme haben denselben Wert, wozu als Vorbedingung notwendig ist, daß in den gleichen Verbindungswerten dieselbe Punktzahl auftritt, mithin die Wegelängen gleich sind.

Je mehr die Einfachheit der Punktdarstellung durch Hinzutreten von Maschenbildung abnimmt, desto geringer ist die Möglichkeit gleicher Koeffizienten. Sind vollends die einzelnen Punktwerte und Verbindungswerte ungleich, wie z. B. beim allgemeinen unsymmetrischen System, so werden nur ausnahmsweise gleiche Koeffizienten auftreten.

4. Die Formeln von Jenne für die symmetrische Doppelkette

Sie ergeben Summe und Differenz zweier Kettenbrüche für die quadratischen und ihnen symmetrisch zugeordneten Koeffizienten (vgl. Abb. A, 18 und [11], Tabelle 146).

Zahlenbeispiel 10. Bezeichnen $\varphi_{\mu.\nu}$ und $\psi_{\mu.\nu}$ die Koeffizienten der nebenstehenden Punktketten, so ist für Winkelnormalgleichungen:

$$-2/_{1.\mu} = \varphi_{1.\mu} \quad \text{und} \quad -4/_{\mu.\nu} = \varphi_{\mu.\nu} + \psi_{\mu.\nu} \ (\mu \text{ und } \nu \neq 1)$$

Demnach hat man nur die beiden Kettenbrüche der 2 Punktketten durch Bestimmung von B_φ und B_φ'; B_ψ und B_ψ' zu ermitteln und erhält dann sämtliche Koeffizienten.

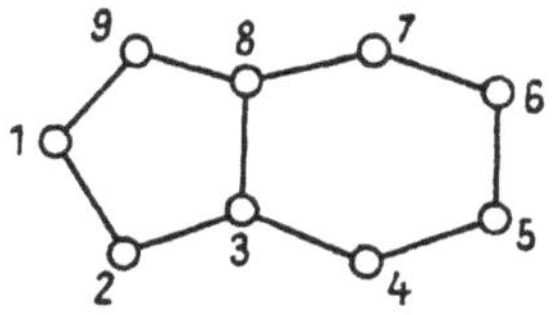

Abb. A, 18. Punktdarstellung zweier verschränkter Zentralsysteme

B_φ'

	41	19	8	5	2	1	
	1	1	1	1	1	1	1
	2		1	1	1	1	3
	3			1	1	1	7
	4				1	1	11
	5					1	26
		1	2	3	4	5	41 B_φ

B_ψ'

109	40	11	4	1	
2	1	1	1	1	1
3		1	1	1	3
4			1	1	11
5				1	30
	2	3	4	5	109 B_ψ

Man liest ab etwa

$$-2/_{1.3} = \frac{5}{41} \text{ mit } /_{1.3} = -0.06098$$

$$-4/_{\substack{2.4\\2.7}} = \frac{2 \cdot 3}{41} \pm \frac{4}{109}$$

$$-4/_{\substack{4.4\\4.7}} = \frac{2 \cdot 11}{41} \pm \frac{4 \cdot 11}{109} \text{ usf.}$$

Bisher muß man für diese Aufgabe, n u r um die quadratischen nebst zugehörigen Koeffizienten zu finden, n e u n verschiedene Kettenbrüche ausrechnen. Nach dem neuen Verfahren ergeben sich s ä m t l i c h e Koeffizienten unmittelbar aus den Näherungsnennern von nur 2 Kettenbrüchen (nebst Rechenprobe).

5. Die Spaltung der Punktketten

Wir bezeichnen in einer Punktdarstellung die mit irgendeinem Punkt verbundenen anderen Punkte als seine Nachbarpunkte oder Punkte 1. Folge. Dann sind für jeden Punkt die Nachbarpunkte seiner Nachbarpunkte Punkte 2. Folge usf. Es ist z. B. bei der Punktkette 1.2.3. .n der Punkt 2 Nachbarpunkt von 1 oder Punkt 1. Folge von Punkt 1, ferner Punkt 3 Punkt 2. Folge zu Punkt 1 und Punkt μ Punkt $\mu - 1^{\text{ter}}$. Folge zu Punkt 1.

Wir wenden uns jetzt zu einer Punktkette von etwa 9 Punkten. Die 3., 4. und 5. Gleichung des zugehörigen Systems haben die Elemente

	k_2	k_3	k_4	k_5	k_6
3)	$-a_{3.2}$	a_3	$-a_{3.4}$		
4)		$-a_{4.3}$	a_4	$-a_{4.5}$	
5)			$-a_{5.4}$	a_5	$-a_{5.6}$

Wir addieren zur Gleichung (4) die mit $\frac{a_{4.3}}{a_3}$ multiplizierte Gleichung (3) und die mit $\frac{a_{4.5}}{a_5}$ multiplizierte Gleichung (5).

Dann fallen die Glieder 1. Folge fort und es entsteht

$$-\frac{a_{4.3}a_{3.2}}{a_3} + a_4 - \frac{a_{3.4}a_{4.3}}{a_3} - \frac{a_{4.5}a_{5.4}}{a_5} - \frac{a_{4.5}a_{5.6}}{a_5}$$

Dieses Verfahren wenden wir auf alle Gleichungen des Punktsystems an und erhalten zwei neue getrennte Gleichungssysteme, das erste mit den Unbekannten k_1, k_3, k_5, k_7, k_9, das zweite mit k_2, k_4, k_6, k_8, nämlich

I. System | II. System

$$(\text{A, }19)\quad
\begin{array}{ccccc}
k_1 & k_3 & k_5 & k_7 & k_9\\
\frac{(1.2)}{(2)} - \frac{|1.2.3|}{(2)} & & & & \\
-\frac{|3.2.1|}{(2)} & \frac{(2.3.4)}{(2)(4)} - \frac{|3.4.5|}{(4)} & & & \\
 & -\frac{|5.4.3|}{(4)} & \frac{(4.5.6)}{(4)(6)} - \frac{|5.6.7|}{(6)} & & \\
 & & -\frac{|7.6.5|}{(6)} & \frac{(6.7.8)}{(6)(8)} - \frac{|7.8.9|}{(8)} & \\
 & & & -\frac{|9.8.7|}{(8)} & \frac{(8.9)}{(8)}
\end{array}
\qquad
\begin{array}{cccc}
k_2 & k_4 & k_6 & k_8\\
\frac{(1.2.3)}{(1)(3)} - \frac{|2.3.4|}{(3)} & & & \\
-\frac{|4.3.2|}{(3)} & \frac{(3.4.5)}{(3)(5)} - \frac{|4.5.6|}{(5)} & & \\
 & -\frac{|6.5.4|}{(5)} & \frac{(5.6.7)}{(5)(7)} - \frac{|6.7.8|}{(7)} & \\
 & & -\frac{(8.7.6)}{(7)} & \frac{(7.8.9)}{(7)(9)}
\end{array}$$

Diesem Ergebnis zufolge ist die ursprüngliche Punktkette in zwei andere gespalten,

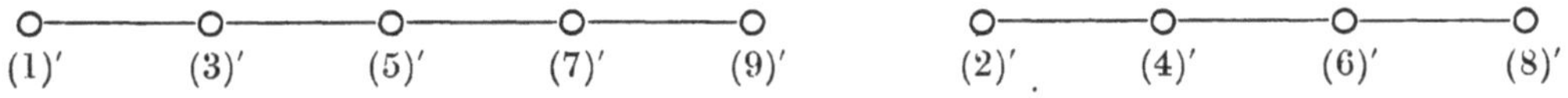

Abb. A, 19. Zerfall der einfachen Punktkette durch Spaltung

wobei $(1)' = \frac{(1.2)}{(2)}$ . . ., $(2)' = \frac{(1.2.3)}{(1)(3)}$ usw., ferner $|1.3|' = \frac{|1.2.3|}{(2)}$ usf.
Die Determinante jedes der beiden neuen Systeme ist, von einem Faktor abgesehen, dieselbe wie bei dem ursprünglichen System. Nehmen wir zur Vereinfachung nur 4 Gleichungen an, so ist die Determinante des ersten neuen Systems mit k_1 und k_3

$$= \frac{(1.2)}{(2)} \cdot \frac{(2.3.4)}{(2)(4)} - \frac{|1.2.3|}{(2)} \cdot \frac{|3.2.1|}{(2)} = \frac{(1.2)(2.3.4) - \widehat{1.2}\,\widehat{2.3}\,(4)}{(2)(2)(4)}$$

das ist nach dem Überschneidungssatz $= \frac{(1.2.3.4)}{(2)(4)}$ [1])

Wir nehmen weiterhin das ursprüngliche System und addieren jetzt zur Gleichung (4) die entsprechend multiplizierten Gleichungen sowohl 1. wie 2. Folge, mithin die Gleichungen (2, 3, 5, 6). Dann bleibt eine Gleichung mit $k_1 k_4 k_7$. Auf diese Weise ergeben sich drei getrennte Systeme:

$$\overbrace{k_1\,k_4\,k_7}^{\text{I}}\;;\qquad \overbrace{k_2\,k_5\,k_8}^{\text{II}}\;;\qquad \overbrace{k_3\,k_6\,k_9}^{\text{III}}.$$

z. B. hat das erste System die Form

$$(\text{A, }20)\quad
\begin{array}{ccc}
\frac{(1.2.3)}{(2.3)} - \frac{|1.2.3.4|}{(2.3)} & & \\
-\frac{|4.3.2.1|}{(2.3)} & \frac{(2.3.4.5.6)}{(2.3)(5.6)} - \frac{|4.5.6.7|}{(5.6)} & \text{usf.}
\end{array}$$

So kann man in der Spaltung der ursprünglichen Kette fortfahren, 4, 5, 6, 7, 8 Systeme bilden, deren Güteverhältnis sich dauernd steigert, bis man schließlich 9 Systeme mit nur einer Unbekannten, d. h. die Lösung mit dem Güteverhältnis 1 erhält.

In gleicher Weise lassen sich verzweigte Punktketten spalten. Die erste Umformung trennt die untenstehende verzweigte Kette Abb. A, 20 in die beiden getrennten Punktdarstellungen Abb. A, 21.

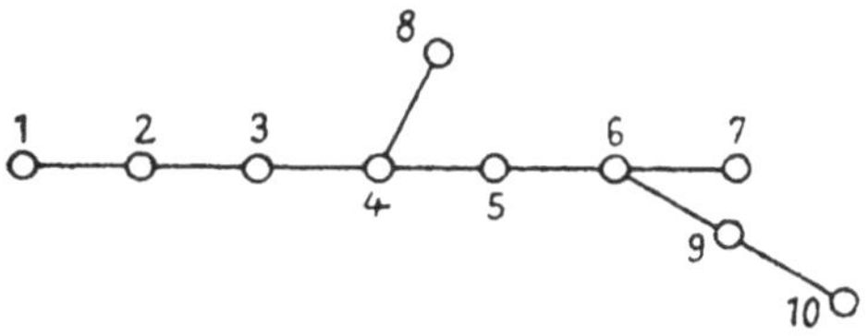

Abb. A, 20
Offene Punktkette mit 2 Verzweigungspunkten

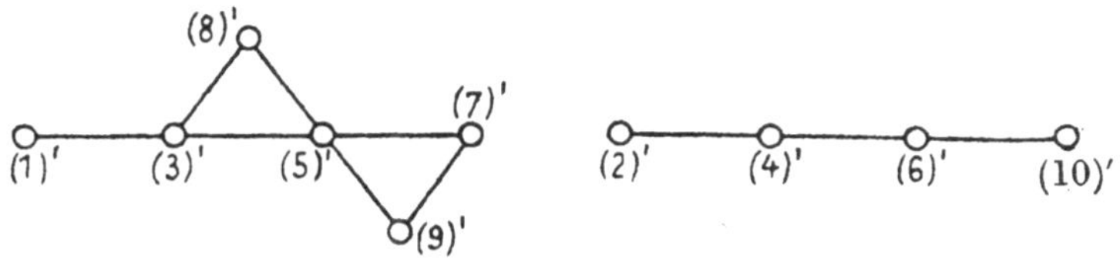

Abb. A, 21
Zerfall der Punktkette Abb. A, 20 durch die erste Umformung

[1]) Die zu den Punktketten gehörenden Kettenbrüche werden in derselben Weise gespalten. Dies ergibt namentlich für die unendlichen Kettenbrüche bemerkenswerte Umformungen mit wesentlich gesteigerter Konvergenz.

V. Punktdarstellungen mit Maschenbildung

1. Die Punktdarstellung der einfachen Masche (Geodätisch: das allgemeine Zentral- und Kranzsystem).

Ohne Einschränkung der Ergebnisse betrachten wir nur die Masche mit 5 Punkten. Die zugehörige Determinante ist

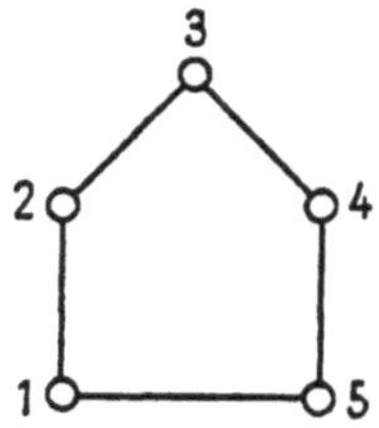

Abb. A, 22
Fünfecksmasche

Die Determinante, die in beliebiger Reihenfolge der 5 Punkte angeschrieben werden kann, ist so angeordnet, daß die Elemente $a_{1.5}$ und $a_{5.1}$ besonders herausgehoben werden.

$$D = \begin{vmatrix} a_1 & -a_{1.2} & \cdot & \cdot & -a_{1.5} \\ -a_{2.1} & a_2 & -a_{2.3} & \cdot & \cdot \\ \cdot & -a_{3.2} & a_3 & -a_{3.4} & \cdot \\ \cdot & \cdot & -a_{4.3} & a_4 & -a_{4.5} \\ -a_{5.1} & & \cdot & -a_{5.4} & a_5 \end{vmatrix}$$

a) Berechnung von D. Es ist nach dem Satz über die Schleifenprodukte, Formel (A, 12):

$$D = (1.2.3.4.5) - \overset{\frown}{1.5}(2.3.4) - \widehat{1.2.3.4.5} = B_5 - \overset{\frown}{1.5}A_4 - (a_{1.5}p_{5\cdot 1} + p_{1\cdot 5}a_{5.1})$$

Offenbar ist neben der Schleife $\overset{\frown}{1.5}$ noch die große Maschenschleife: von 1 über 2, 3, 4 nach 1 zurück, vorhanden. Sie ist mit dem Punktwert von Null Punkten, d. h. mit der Einheit, zu multiplizieren, während die Schleife $\overset{\frown}{1.5}$ mit der Punktkette (2.3.4) zu multiplizieren ist. Daher

(A, 21)
$$\begin{aligned} D &= (1.2.3.4.5) - \overset{\frown}{1.5}(2.3.4) - \widehat{1.2.3.4.5} \\ &= \quad B_5 \quad - \overset{\frown}{1.5}A_4 \quad - (a_{1.5}p_{5.1} + p_{1.5}a_{5.1}) \end{aligned}$$

b) Berechnung der $F_{\mu.\nu}$. Um etwa von 2 nach 4 zu kommen, sind zwei Wege vorhanden mit den Verbindungswerten $|2.3.4|$ und $|2.1.5.4|$. Mithin ist $F_{2.4} = |2.3.4|(1.5) + |2.1.5.4|(3)$. Das allgemeine Gesetz, wonach in jedem Gliede alle Punktzahlen auftreten müssen, ist befriedigt.

Hat das Zentralsystem n-Punkte, so ist allgemein (Abb. A, 23)

(A, 22)
$$D = (1..n) - \overset{\frown}{1.n}(2..n-1) - \widehat{1..n} \quad \text{und}$$
$$F_{\mu.\nu} = |\mu.\mu+1...\nu-1.\nu|(\nu+1..n-1..\mu-1) + |\nu.\nu+1..n-1..\mu|(\mu+1.\mu+2..\nu-1)$$

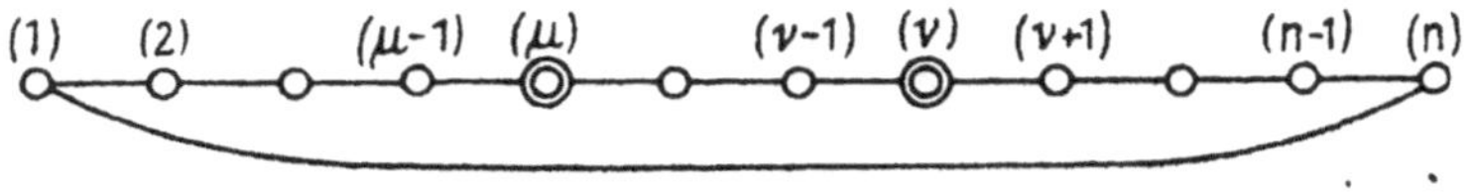

Abb. A, 23. Skizze der Punktdarstellung des n-strahligen Zentralsystems

In der Formel für $F_{\mu.\nu}$ ist $F_{\mu.\mu}$ mit einbegriffen, denn für $\mu = \nu$ wird $(\mu+1..\nu-1) = 0$ und im ersten Glied entsteht der Verbindungswert $|\mu| = 1$. Es ist daher kurz $F_{\mu.\mu} = D_{-\mu}$ entsprechend der für jeden quadratischen Koeffizienten einer Punktdarstellung geltenden Formel.

Sind alle $a_\mu = z$ und $a_{\mu.\nu} = +1$, so ist

(A, 23)
$$D = z_n - z_{n-2} - 2 \quad \text{und} \quad F_{\mu.\nu} = z_a + z_i,$$

wobei unter a die Zahl der Punkte außerhalb μ und ν und unter i diejenige innerhalb μ und ν verstanden wird. Im besonderen hat man für Winkelnormalgleichungen

(A, 24)
$$-2f_{\mu.\nu} = \frac{N_{a+1} + N_{i+1}}{N_{n+1} - N_{n-1} - 2} = \frac{3_a + 3_i}{3_n - 3_{n-2} - 2} \quad \text{und}$$
$$-2f_{\mu.\mu} = \frac{N_n}{N_{n+1} - N_{n-1} - 2} = \frac{3_{n-1}}{3_n - 3_{n-2} - 2}$$

Die Formel für D läßt sich noch auf mannigfaltige andere Weise ableiten. Doch scheint die vorstehende Ableitung, die zugleich die Formel für $f_{\mu.\nu}$ liefert und aus ganz allgemeinen Gesetzen sich in anschaulicher Weise ergibt, die einfachste zu sein.

Die quadratischen Koeffizienten $f_{\mu.\mu}$ lassen sich auf folgende Art in Kettenbruchform darstellen. Z. B. ist

$$f_{1.1} = \frac{(2.3.4.5)}{(1.2.3.4.5) - \widehat{1.5}\,(2.3.4) - \widehat{1.2.3.4.5}} = \frac{(2.3.4.5)}{(1)\,(2.3.4.5) - \widehat{1.2}\,(3.4.5) - \widehat{1.5}\,(2.3.4) - \widehat{1.2.3.4.5}}$$

(A, 25)

$$= \frac{1}{(1) - \frac{\widehat{1.2.3.4.5}}{(2.3.4.5)} - \widehat{1.2}\,\frac{(3.4.5)}{(2.3.4.5)} - \widehat{1.5}\,\frac{(2.3.4)}{(2.3.4.5)}}$$

Hier sind $\frac{(3.4.5)}{(2.3.4.5)}$ und $\frac{(2.3.4)}{(2.3.4.5)}$ die bekannten Kettenbrüche. Daher ist weiterhin für z

(A, 26)

$$f_{\mu.\mu} = \frac{z_{n-1}}{z_n - z_{n-2} - 2} = \frac{z_{n-1}}{z \cdot z_{n-1} - z_{n-2} - z_{n-2} - 2} = \frac{1|}{|z} - \frac{2}{z_{n-1}} - \frac{2|}{|z} - \frac{1}{z}$$

$$\left(\text{Zahl der Teilnenner } \frac{1|}{|z} \text{ gleich } n-2\right) \quad \text{und} \quad -2 f_{\mu.\mu} = \frac{1|}{|3} - \frac{2}{N_n} - \frac{2|}{|3} - \frac{1|}{|3}$$

Aber diese Entwickelungen haben nur theoretisches Interesse, für die numerische Lösung bieten sie gegenüber den Formeln (A, 21)—(A, 24) keine Vorteile.

Dagegen ist es zweckmäßig, falls die a_μ und $a_{\mu.\nu}$ ganz beliebige Werte eines unsymmetrischen Systems haben, die Formel für $F_{\mu.\nu}$ noch so umzuformen, daß man möglichst mit der Berechnung der Näherungsbrüche des Kettenbruchs $K = \frac{(2.3.4.5)}{(1.2.3.4.5)}$ und des inversen $K' = \frac{(4.3.2.1)}{(5.4.3.2.1)}$ auskommt. Demnach soll die Lösung, soweit möglich, nur durch die nachstehenden Werte gefunden werden:

	$\underset{\smile}{1}$	$\underset{\smile}{2}$	$\underset{\smile}{3}$	$\underset{\smile}{4}$	$\underset{\smile}{5}$		$\underset{\smile}{1}$	$\underset{\smile}{2}$	$\underset{\smile}{3}$	$\underset{\smile}{4}$	$\underset{\smile}{5}$
$A =$	1	(2)	(2.3)	$\underline{(2.3.4)}$	$\boxed{(2.3.4.5)}$	$A' =$	1	(4)	(4.3)	$\underline{(4.3.2)}$	$\boxed{(4.3.2.1)}$
$B =$	(1)	(1.2)	(1.2.3)	$\boxed{(1.2.3.4)}$	$\boxed{(1.2.3.4.5)}$	$B' =$	(5)	(5.4)	(5.4.3)	$\boxed{(5.4.3.2)}$	$\boxed{(5.4.3.2.1)}$

mit unterstrichenen bzw. entsprechend eingerahmten Probezahlen.

Zu diesem Zweck verwandeln wir etwa

$F_{4.4} = (5.1.2.3)$ nach dem Zerlegungssatz in $F_{4.4} = (5)(1.2.3) - \widehat{1.5}(2.3) = B_1' B_3 - \widehat{1.5} A_1' A_3$

Auf diese Weise kann man auch bei den $F_{\mu.\nu}$ alle Glieder mit dem inneren nicht über 1 und 5 führenden Verbindungswege umformen. So entsteht das Rechenmuster

(A, 27)

$-\widehat{1.5}\,A_5'$	A_4'	A_3'	A_2'	A_1'	A_0'		
B_5'	B_4'	B_3'	B_2'	B_1'	B_0'		
	1	$p_{1.2}$	$p_{1.3}$	$p_{1.4}$	$p_{1.5}$	B_0	A_0
		1	$p_{2.3}$	$p_{2.4}$	$p_{2.5}$	B_1	A_1
			1	$p_{3.4}$	$p_{3.5}$	B_2	A_2
				1	$p_{4.5}$	B_3	A_3
					1	B_4	A_4
						B_5	A_5

Es ist z. B.

$F_{2.4} = |2.3.4|(1.5) + |2.1.5.4|(3)$

$= p_{2.4}(B_1' B_1 - \widehat{1.5} A_1' A_1) + |2.1.5.4|(3)$

Das Glied mit äußerem Verbindungsweg — hier $|2.1.5.4|(3)$ — weist in der Regel nur Punktwerte mit wenig Zahlen auf, so daß die Berechnung auch ohne Kettenbrüche bequem ist. Dieses Glied läßt sich schreiben:

$$\text{z. B. } |2.1.5.4|(3) = a_{2.1} a_{1.5} a_{5.4}(3) = a_{1.5} \frac{a_{5.4} a_{4.3} a_{3.2} a_{2.1}}{a_{4.3} a_{3.2}} (3) = \frac{a_{1.5} p_{5.1}(3)}{p_{4.2}}$$

Zahlenbeispiel 11. Anschließend an Beispiel 7, S. 13, entsprechend [16], S. 9, und Abb. A, 24.

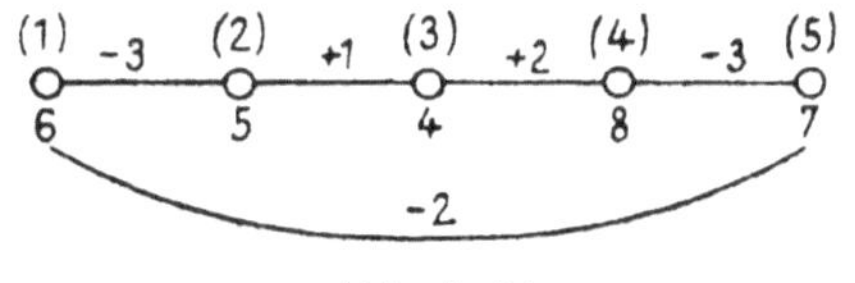

Abb. A, 24
Punktdarstellung einer Einzelmasche mit 5 Punkten bei ganzzahligen Punktwerten und Verbindungswerten

540	132	28	8	1	0		
3078	753	160	47	7	1		
$\underset{\smile}{1}$	1	3	-3	6	18	1	0
$\underset{\smile}{2}$		1	-1	2	6	6	1
$\underset{\smile}{3}$			1	-2	-6	21	5
$\underset{\smile}{4}$				1	3	78	19
$\underset{\smile}{5}$					1	540	132
	$\underset{\smile}{1}$	$\underset{\smile}{2}$	$\underset{\smile}{3}$	$\underset{\smile}{4}$	$\underset{\smile}{5}$	3078	753

Es ist
$$D = (1.2.3.4.5) - \widehat{1.5}(2.3.4) - \widehat{1.2.3.4.5}$$
$$= 3078 - 4 \cdot 132 - 2 \cdot 3 \cdot 2 \cdot 3 \cdot 2 = 2478\,,$$

und etwa
$$F_{3.5} = -6 \cdot 21 + 0 + \frac{a_{1.5}p_{5.1}}{p_{5.3}}(4) = -126 - \frac{36 \cdot 8}{6} = -174$$

und
$$F_{2.4} = 84 - 4 \cdot 2 + \frac{a_{1.5}p_{5.1}}{p_{4.2}}(3) = 76 + \frac{36}{2} \cdot 4 = 148$$
$$F_{4.4} = 7 \cdot 78 - 4 \cdot 19 = 470$$

2. Einfache Maschen in Verbindung mit verzweigten Punktketten

Man hat wieder, ähnlich wie bei Verzweigungen ohne Maschen, zwei Arten der Berechnung.

a) Man schneidet die Punktketten dicht vor der Masche ab und verändert an den Schnittstellen den Punktwert der betreffenden Maschenpunkte. Die so erhaltene einfache Masche wird nach dem unter 1) dieses Abschnitts erörterten Verfahren behandelt.

b) Man behält die Abzweigungen bei und wendet auf die ganze Punktdarstellung die Gesetze der Verbindungs- und Schleifenprodukte an. Handelt es sich um $a_\mu = z$, so kann man wieder in beiden Fällen die Zahlen Z_n, bei Winkelnormalgleichungen $N_{n+1} = 3_n$, zu Hilfe nehmen.

Z a h l e n b e i s p i e l 12. Für Winkelnormalgleichungen gemäß [11], Tabelle 117 und Abb. A, 25.

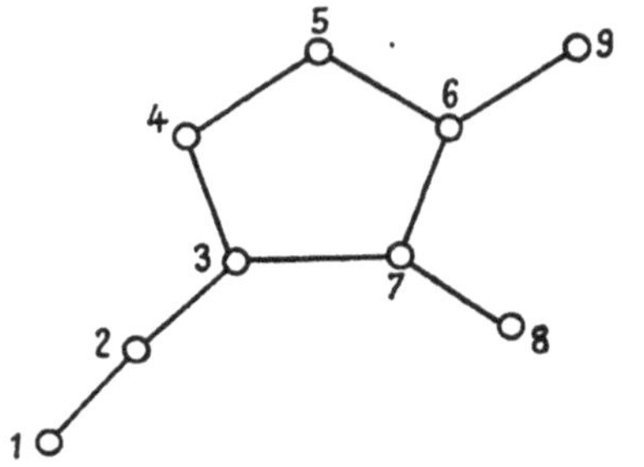

Abb. A, 25. Punktdarstellung der Winkelnormalgleichungen eines fünfstrahligen Zentralsystems mit drei anhängenden Punktketten

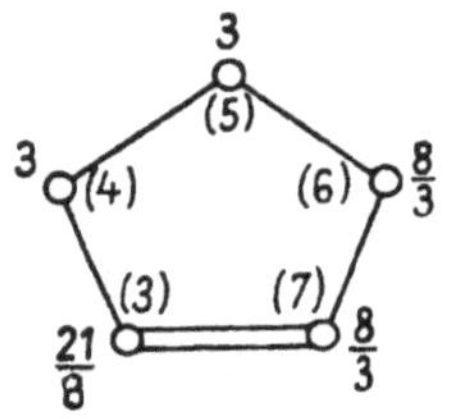

Abb. A, 26. Die Punktdarstellung gemäß Abb. A, 25 nach Abschneiden der Ansätze

B e r e c h n u n g a). Nach Abschneiden der Ansätze haben die 5. Maschenpunkte die eingetragenen Werte, z. B. 3 den Wert $3 - \frac{3_1}{3_2} = \frac{21}{8}$ usw. Wird die zunächst offene Verbindung geschlossen, so ist in leicht verständlicher Symbolik:

$$\frac{D}{8 \cdot 3 \cdot 3} = \left(\frac{21}{8}\,, 3\,, 3\,, \frac{8}{3}\,, \frac{8}{3}\right) - \widehat{3.7}\left(3\,, 3\,, \frac{8}{3}\right) - 2$$

$$\frac{1\,|}{|\,\frac{21}{8}} - \frac{1\,|}{|\,3} - \frac{1\,|}{|\,3} - \frac{1\,|}{|\,\frac{8}{3}} - \frac{1\,|}{|\,\frac{8}{3}}$$

$$\frac{21}{8} \qquad \frac{55}{8} \qquad \frac{144}{8} \qquad \frac{987}{24} \qquad \frac{6600}{72}$$

Daher
$$\frac{D}{72} = \frac{6600}{72} - \frac{55}{3} - 2 = \frac{5136}{72}$$

Nimmt man die Zahlen 3_n zu Hilfe, so ergibt sich

$$\left(3 - \frac{3}{8}\,, 3\,, 3\,, 3 - \frac{1}{3}\,, 3 - \frac{1}{3}\right) = 3_5 - \frac{3}{8} \cdot 3_4 - 3_3 \cdot \frac{1}{3} \cdot 3_1 - 3_4 \cdot \frac{1}{3}$$
$$+ \frac{3}{8} \cdot 3_2 \cdot \frac{1}{3} \cdot 3_1 + \frac{3}{8} \cdot 3_3 \cdot \frac{1}{3} + 3_3 \cdot \frac{1}{3} \cdot \frac{1}{3} - \frac{3}{8} \cdot 3_2 \cdot \frac{1}{3} \cdot \frac{1}{3}$$

und $\left(3\,, 3\,, \frac{8}{3}\right) - 2 = 3_3 - 3_2 \cdot \frac{1}{3} - 2$ Insgesamt $\frac{D}{72} = \frac{5136}{72}$

B e r e c h n u n g nach b). Die offengelassene Verbindung in der Masche ist beliebig. Wir wählen jetzt etwa 4.5. Dann ist

$$D = D_{-4.5} - \overset{\frown}{4.5} \cdot D_{-4-5} - 2(1.2)(8)(9)$$

Man hat $D_{-4.5}$ entsprechend der Punktdarstellung Abb. A, 27 — vgl. [11], Tabelle 76 mit $D_{-4.5} = 6243$.

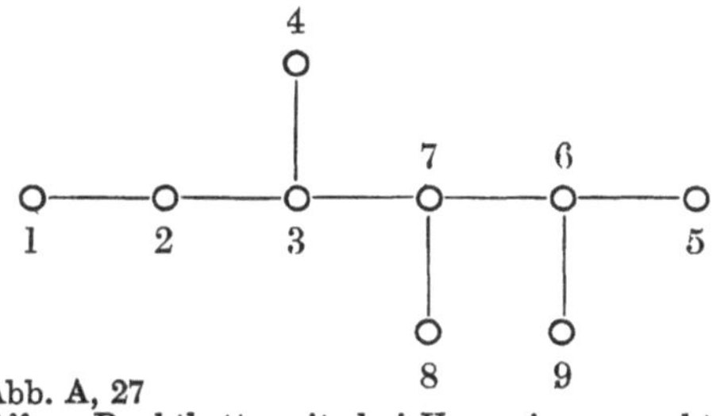

Abb. A, 27
Offene Punktkette mit drei Verzweigungspunkten

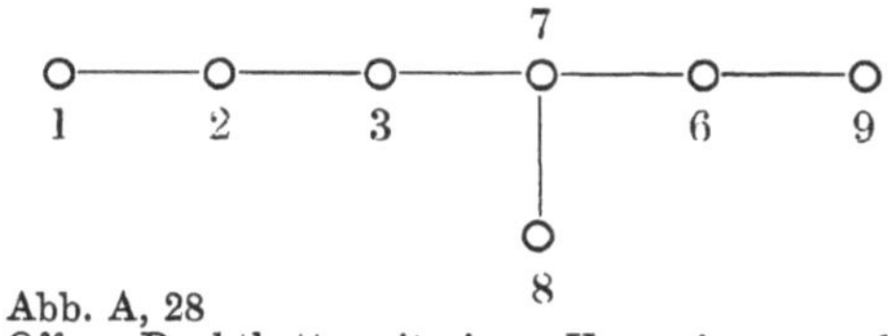

Abb. A, 28
Offene Punktkette mit einem Verzweigungspunkt

Ferner D_{-4-5} entsprechend der Punktdarstellung Abb. A, 28, vgl. [11], Tabelle 12 mit $D_{-4-5} = 963$ und $2(1.2)(8)(9) = 2 \cdot 8 \cdot 3 \cdot 3 = 144$, daher $D = 6243 - 963 - 144 = 5136$.

Die Berechnung der Zähler $F_{\mu.\nu}$ kann ebenfalls nach jedem der vorstehenden Verfahren erfolgen. Z. B. ist $F_{4.4} = 3 \cdot 819$ gemäß [11], Tabelle 30 (1638 ist ein gekürzter Wert) und

$$-2f_{4.4} = \frac{3 \cdot 819}{5136} \text{ nebst } f_{4.4} = -0.23919 \text{ entsprechend Tabelle 117 in [11].}$$

Schließlich kann man die Berechnungsarten a) und b) noch miteinander verbinden. So kann man etwa nur den Zweig mit Punkt 9 abschneiden, indem 3.7 offen bleibt. Auf diese Weise wird die Rechnung noch weiter vereinfacht.

Für Winkelnormalgleichungen scheinen Tabellen erwünscht (auch mit mehr als 9 Punkten), die nur die ungekürzte Determinante enthalten. Denn die Zähler kann man stets leicht bilden, falls man nur die Determinante des Restsystems in dem betreffenden Verbindungsprodukt kennt.

Rechnet man nicht mit Dezimalbrüchen, sondern in ganzen Zahlen, so ist zu beachten, daß j e d e r Nenner der auftretenden Kettenbrüche beizubehalten ist. Entfernt man z. B. den Zweig der nebenstehenden Abb. A, 29, so erhält der Punktwert 3 von Punkt 1 den neuen Wert $3 - \cfrac{1}{3 - \cfrac{1}{3} - \cfrac{1}{3}} = 3 - \frac{9}{21}$ und nicht $\frac{18}{7}$. Denn, wären die Teilnenner ungleich, etwa $3 - \cfrac{1}{a - \cfrac{1}{b} - \cfrac{1}{c}}$, so wäre der Nenner $3 - \frac{bc}{abc - c - b}$.

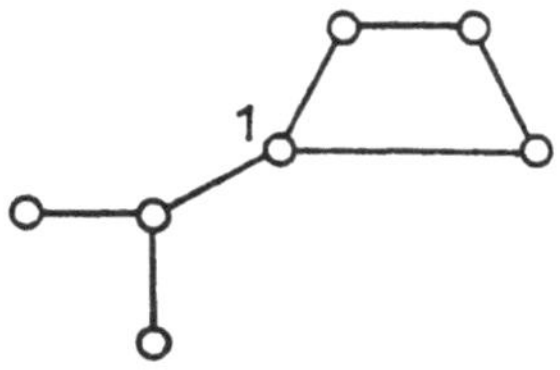

Abb. A, 29. Verzweigte Kette mit Vierecksmasche

Bei der Berechnung des Zählers $F_{2.2}$ kann man je nach den Verhältnissen auch den Zerlegungssatz verwenden. Man hat so bei dem oben behandelten Zahlenbeispiel $F_{2.2} = (1) D_{-1-2}$. Es ist aber

$$D = (1.2) D_{-1-2} - \overset{\frown}{2.3}(1) D_{-1-2-3}$$

D ist bereits bekannt und D_{-1-2-3} entspricht die Punktdarstellung Abb. A, 30. Daher nach Tabelle 51 in [11]: $D_{-1-2-3} = 368$. Somit $8 \cdot D_{-1-2} = 5136 + 3 \cdot 368$ und $F_{2.2} = 3 \cdot 780$ mit $f_{2.2} = -\frac{3 \cdot 780}{10\,272} = -0.22780$.

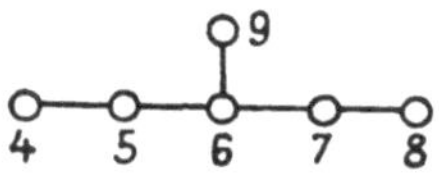

Abb. A, 30. Offene Punktkette mit einem Verzweigungspunkt

Der Zerlegungssatz kann daher noch in allgemeinerer Weise benutzt werden, indem er nicht nur zur Verbindung von Punktketten, sondern von beliebigen Punktdarstellungen dient.

Es seien D_I und D_{II} die Punktwerte von zwei beliebigen Systemen (Abb. A, 31), die nur durch die Verbindung 1.6 zusammenhängen. Nach dem verallgemeinerten Zerlegungssatz hat man

$$D = D_I \cdot D_{II} - \overset{\frown}{1.6} \cdot D_{I-1} D_{II-6}$$

Entsprechen D_I und D_{II} etwa Tabelle 131 in [11], so ist

$$D = (3_5 - 3_3 - 2)(3_4 - 3_2 - 2) - 3_4 \cdot 3_3 = 4290$$

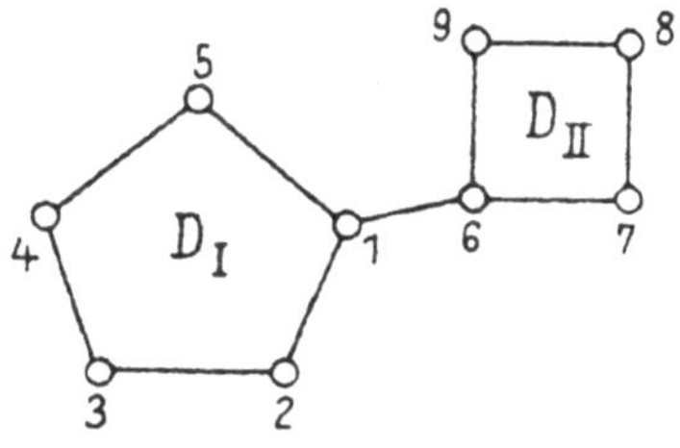

Abb. A, 31. Skizze zweier Teilpunktdarstellungen, die nur durch eine Verbindungslinie zusammenhängen

Schließlich soll noch der verallgemeinerte Überschneidungssatz an einem einfachsten Beispiel erläutert werden; [11], Tabelle 107 und Abb. A, 32. Nach dem verallgemeinerten Überschneidungssatz ist

$$D_{I+5} \cdot D_{II+5} - \widehat{4.5} \cdot \widehat{5.6} D_{I-4} \cdot D_{II-6} = D \cdot (5),$$

oder $3D = 114 \cdot 114 - 21 \cdot 21$, $D = 4185$. (In Tabelle 107 ist D gekürzt, $9 \cdot 465 = 4185$.)

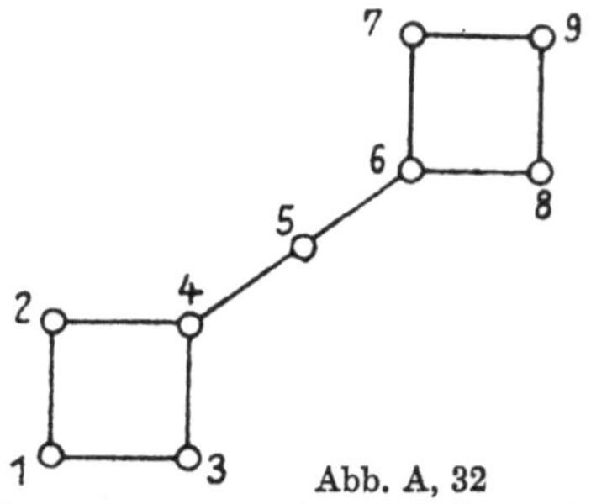

Abb. A, 32
Punktdarstellung der Winkelnormalgleichungen zweier 4strahliger Zentralsysteme, die durch eine einfache Punktkette zusammenhängen

3. Doppelmaschen

Die naheliegende Lösung der Doppelmaschen mit unsymmetrischen Werten besteht darin, daß man (vgl. untenstehende Abb. A, 33) die eine Masche abschneidet und die Werte der Grenzpunkte und ihrer Verbindungslinie verändert. Entsprechend dem Schnitt der Skizze erhält Punkt 8 den Wert $(8) - \widehat{7.8} \cdot \frac{(4.5.6)}{(4.5.6.7)}$,

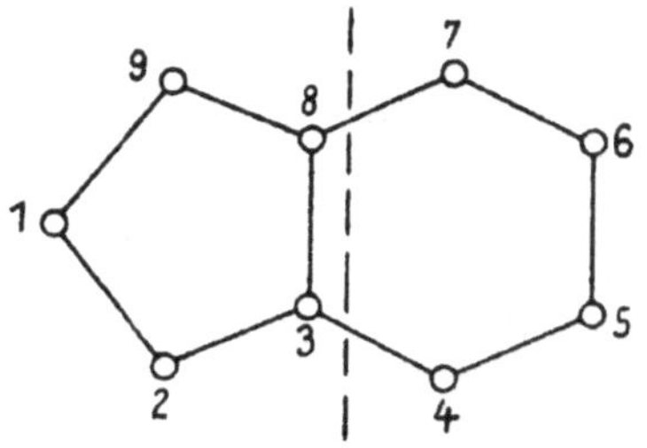

Abb. A, 33. Doppelmasche

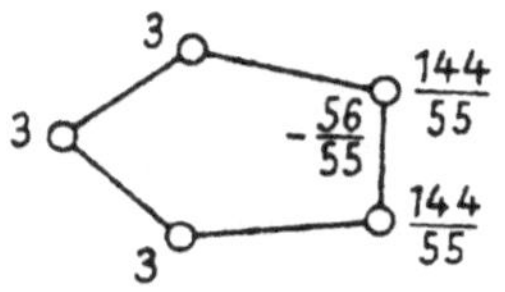

Abb. A, 34. Restpunktdarstellung zu Abb. A, 33 nach Abschneidung des Sechsecks

Punkt 3 den Wert $(3) - \widehat{3.4} \cdot \frac{(5.6.7)}{(4.5.6.7)}$ und die Verbindungslinie zwischen 3 und 8 den Wert $|3.8| - \frac{|3.4.5.6.7.8|}{(4.5.6.7)}$. Bei Winkelnormalgleichungen bleibt die Masche Abb. A, 34 übrig: daher ist

$$D = \left(\frac{144}{55}, 3, 3, 3, \frac{144}{55}\right) - \left(\frac{56}{55}\right)^2 \cdot 3_3 - 2 \cdot \frac{56}{55} \quad \text{mit} \quad \frac{D}{55} = \frac{317\,811}{55^2} - \frac{65\,856}{55^2} - \frac{2 \cdot 56 \cdot 55}{55^2} = \frac{245\,795}{55^2} = \frac{4469}{55}$$

(Hätte man statt 3.8 zunächst eine andere Verbindung offengelassen, so wäre die Rechnung etwas bequemer ausgefallen.)

Einfacher ist aber die Berechnung mittels der Schleifenprodukte. Wir nehmen wieder an, daß die Verbindungslinie 3.8 erst nachträglich geschlossen wird. Dann ist zunächst nur die eine große Masche 1, 3, 6, 8, 9 vorhanden. Zur Verbindung 3.8 gehören 3 Schleifen, nämlich 3.8, 3. .5. .8, 3. .1. .8. Daher ist

$$D = D_{-3.8} - \widehat{\underset{\smile}{3.8}} - \widehat{\underset{\smile}{3.\,.5.\,.8}} - \widehat{\underset{\smile}{3.\,.1.\,.8}} = D_{-3.8} - \widehat{3.8}(2.1.9)(4.5.6.7) - \widehat{3.\,.5.\,.8}(2.1.9) - \widehat{3.\,.1.\,.8}(4.5.6.7)$$

und bei Winkelnormalgleichungen

$$D = 3_9 - 3_7 - 2 - 3_3 \cdot 3_4 - 2 \cdot 3_3 - 2 \cdot 3_4 = 6765 - 987 - 2 - 21 \cdot 55 - 2 \cdot 21 - 2 \cdot 55 = 4469$$

Soll z. B. die Zahl $F_{9,6}$ bestimmt werden, so hat man vier Wege, um von 9 nach 6 zu gelangen; daher ist

$$F_{9,6} = |9.7.6|(1.2.3.4.5) + |9.8.3.6|(1.2)(7) + |9.2.4.6|(7.8) + |9.2.8.6|(4.5)$$
$$= 3_5 + 3_2 \cdot 3_1 + 3_2 + 3_2 = 184, \text{ so daß } f_{9,6} = -\frac{184}{8938} = -0.02059$$

Doppelmaschen mit Verzweigung werden nach denselben Grundsätzen unter Berücksichtigung von IV.2 (Einzelmaschen mit Verzweigung) behandelt.

4. Vielfachzusammenhängende Maschen

Entsprechend Abb. A, 35 wählen wir das Beispiel [11], S. 32, mit drei u n s y m m e t r i s c h zusammenhängenden Maschen.

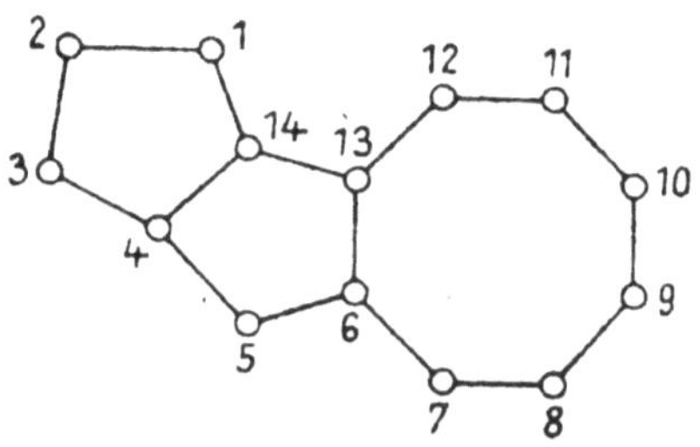

Abb. A, 35. Punktdarstellung der Winkelnormalgleichungen dreier verschränkter Zentralsysteme

Man kann etwa die Punktketten 7.8.9.10.11.12 und 1.2.3 abschneiden und dann die Masche 4.5.6.13.14 mit veränderten Werten berechnen. Bequemer ist aber wieder das Schleifenverfahren. Wir denken uns zuerst in die große Masche ohne die Querverbindungen 6.13 und 4.14 die Verbindung 6.13 eingezogen. Die große Masche hat den Punktwert

$$(1\,.\,.\,14) - \overparen{1.2}(3\,.\,.\,14) - \overparen{1.14.13.9.6.4.2}\,,$$

falls bei ihr die Lücke 1.2 geschlossen wurde,

$$= D_{-4.14-6.13} = D^{(1)}$$

Dann ist

$$D_{-4-14} = D^{(2)} = D^{(1)} - \overparen{6.13}(5.4.3.2.1.14)(7.8.9.10.11.12) - \overparen{13.10.6}(5.4.3.2.1.14) - \overparen{13.2.6}(7.8.9.10.11.12)$$

und
$$D = D^{(2)} - \overparen{\underparen{4.14}} - \overparen{\underparen{4.2.14}} - \overparen{\underparen{4.6.13.14}} - \overparen{\underparen{4.6.9.13.14}}$$

Dies ist die völlig allgemeine Lösung.

Bei Winkelnormalgleichungen erhält man:

$$D^{(1)} = 3_{14} - 3_{12} - 2 = 832040 - 121393 - 2 = 710\,645$$

Ferner $D^{(2)} = D^{(1)} - 3_6 \cdot 3_6 - 2 \cdot 3_6 - 2 \cdot 3_6 = D^{(1)} - 377^2 - 2 \cdot 377 - 2 \cdot 377 = 567\,008$

$$\overparen{\underparen{4.14}} = (1.2.3)\,D^{(8)}_{+5}\,, \quad \overparen{\underparen{4.2.14}} = 2 \cdot D^{(8)}_{+5}\,, \quad \overparen{\underparen{4.6.13.14}} = 2 \cdot 3_3 \cdot 3_6 = 2 \cdot 21 \cdot 377\,,$$

$$\text{und} \quad \overparen{\underparen{4.6.9.13.14}} = 2 \cdot 3_3 = 2 \cdot 21$$

$D^{(8)}_{+5}$ ist die achteckige Masche mit angehängtem Punkt 5. Ihr Wert ist nach dem Zerlegungssatz

$$D^{(8)}_{+5} = (5)\,D^{(8)} - \overparen{5.6}.3_7 = 3 \cdot (3_8 - 3_6 - 2) - 3_7 = 5628\,;$$

mithin ist
$$\overparen{\underparen{4.14}} = 21 \cdot 5628, \quad \overparen{\underparen{4.2.14}} = 2 \cdot 5628 \qquad \text{(vgl. [11] Tabelle 152)}$$

Mit diesen Werten erhält man $D = 567\,008 - 145\,320 = 421\,688$ in Übereinstimmung mit [11], S. 33.

Es ist leicht einzusehen, daß bei zwei zusammenhängenden Maschen 3, bei drei solchen 4 und bei n Maschen $(n + 1)$ Schleifenprodukte zu bilden sind, falls eine neue Verbindung eingezogen wird, um aus der Maschenzahl $n - 1$ die Zahl n herzustellen.

Für die Berechnung der $F_{\mu.\nu}$ ist die Zahl der Verbindungswege $(\mu \neq \nu)$ erheblich größer. Dabei ist ihre Zahl je nach der Anzahl der Maschen, aber auch nach der Lage der Punkte μ und ν verschieden. Liegen die Punkte in den äußeren Maschen, so beträgt die Zahl der Verbindungswege bei n Maschen bereits 2^n, in Abb. A, 36 demnach 16. Anders wenn die Punkte μ und ν im Innern des Systems liegen. So hat bei dem eben gerechneten Zahlenbeispiel $F_{4.6}$ nur 5 Verbindungsprodukte mit den Verbindungswerten (außer dem bereits bekannten) $|4.5.6|$ noch:

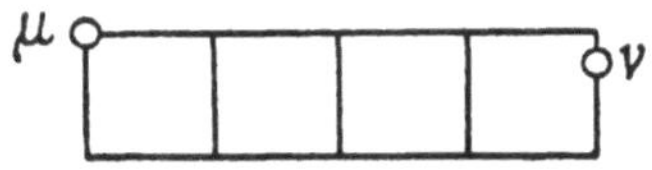

Abb. A, 36. Skizze einer viermaschigen Punktdarstellung

$$|4.14.13.6|, \quad |4.3.2.1.14.13.6|, \quad |4.14.13.12.11.7.6|, \quad |4.3.2.1.14.13.12.11.7.6.|,$$

so daß die Berechnung leicht ausgeführt werden kann.

5. Maschennetze

Es seien vorhanden (Abb. A, 37) die beiden getrennten Systeme mit D_I und D_{II}. Ihr Punktwert ist $D^{(1)} = D_I \cdot D_{II}$. Zunächst soll die Verbindung 1.2 eingezogen werden. Dann ist

(A, 28) $$D^{(1)}_{+1.2} = D^{(1)} - \overparen{1.2}\, D_{I-1} \cdot D_{II-2} = D^{(2)}$$

Hierauf wird die Verbindung 3.4 hergestellt. Daher

$$D^{(2)}_{+3.4} = D^{(2)} - \overparen{3.4} \cdot D^{(2)}_{-3-4} - \Sigma\, \overparen{\underparen{3.\,.4}} = D^{(3)}$$

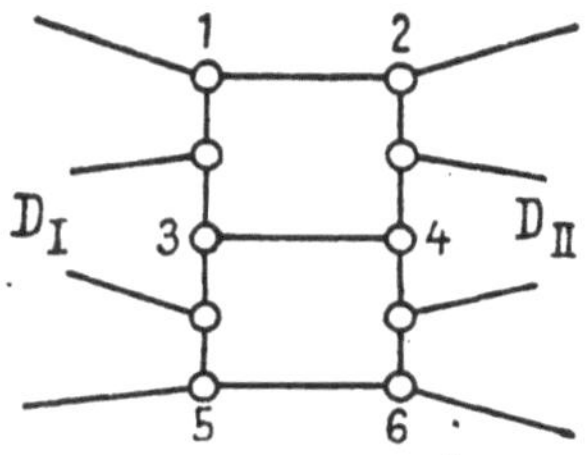

Abb. A, 37. Skizze einer komplizierteren Punktdarstellung

Hierauf wird die Verbindung 5.6 hergestellt. Daher

$$D^{(3)}_{+5.6} = D^{(3)} - \widehat{5.6} \cdot D^{(3)}_{-5-6} - \sum \widehat{5.\ .6} \quad \text{usf.}$$

Diesen Gleichungen kann man, falls die Zahl der einzuzeichnenden Verbindungen verhältnismäßig klein ist, zweckmäßig noch eine andere Form geben. Es ist wie vor $D^{(2)} = D^{(1)} - \widehat{1.2}\, D_{I-1} \cdot D_{II-2}$. Wird 3.4 eingefügt, und daher $D^{(2)}_{+3.4} = D^{(2)} - \widehat{3.4}\, D^{(2)}_{-3-4} - \sum \widehat{3.\ .4}$, so kann man den Wert $D^{(2)}$ in diese Gleichung einsetzen. Daher auch

$$\begin{aligned} D^{(3)} &= D^{(2)} - \widehat{3.4}\left(D^{(1)}_{-3-4} - \widehat{1.2}\, D_{I-1-3} D_{II-2-4}\right) - \sum \widehat{3.\ .4} \\ &= D^{(1)} - \widehat{1.2}\, D_{I-1} D_{II-2} - \widehat{3.4}\, D_{I-3} D_{II-4} + \widehat{1.2} \cdot \widehat{1.3}\, D_{I-1-3} D_{II-2-4} - \sum \widehat{3.\ .2.1.\ .4} \end{aligned} \tag{A, 29}$$

Diese Formel ist symmetrisch in allen Werten, während die vorherigen Formeln Rekursionsformeln sind.

Bei allen diesen Gleichungen wurde angenommen, daß die Verbindungen 1.2, 3.4 usw. getrennt liegen. Eine nicht unwesentliche Vereinfachung tritt ein, falls etwa von Punkt 1 aus 1.2 und 1.4 hergestellt werden soll. Dann tritt 1 an die Stelle von 3, und in der letzten Formel wird D_{I-1-3} zu $D_{I-1-1} = 0$.

6. Ergänzende Betrachtungen

a) Haben die zusammenhängenden Maschen die in Abb. A, 38 skizzierte Form, so kann man die Endmasche so abschneiden, daß zugleich auch die Spitze der Nachbarmasche fortfällt. Behielte man nämlich die Spitze bei, so würde nach dem Invarianzgesetz eine neue Dreiecksmasche 2.3.4 entstehen. Der Punktwert (2) erhält den Zusatz $-\widehat{1.2} \cdot \frac{(5.6.7.8)}{(5.6.7.8.1)} - \frac{\widehat{2.3}}{(3)}$.

Der Punktwert (4) erhält den Zusatz $-\widehat{4.5} \cdot \frac{(1.8.7.6)}{(5.6.7.8.1)} - \frac{\widehat{4.3}}{(3)}$ und die neuentstandene Verbindung

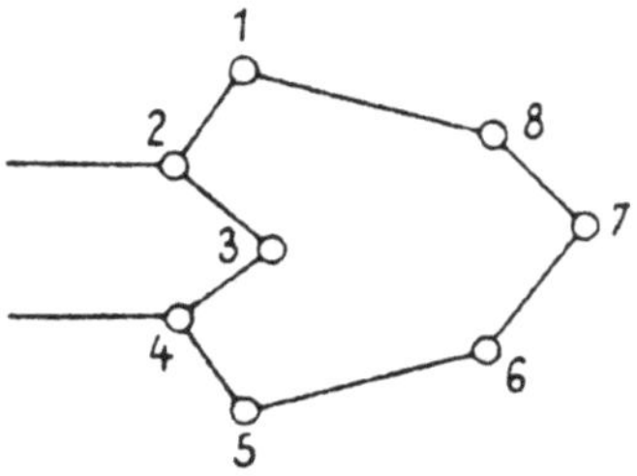

Abb. A, 38. Skizze einer mehrmaschigen Punktdarstellung

$$\begin{aligned} &\text{von 2 nach 4} \quad \text{den Wert } |2.4| = \frac{|2.3.4|}{(3)} - \frac{|2.\ .1.\ .4|}{(5.6.7.8.1)} \\ &\text{und von 4 nach 2} \quad \text{den Wert } |4.2| = \frac{|4.3.2|}{(3)} - \frac{|4.\ .1.\ .2|}{(5.6.7.8.1)} \end{aligned} \tag{A, 30}$$

b) Anstatt Maschen abzuschneiden, kann man auch das nachstehende Verfahren anwenden. Ein Netz möge in die Masche 1.2.3.4.5.6 (Abb. A, 39) enden. Ist es möglich, die Verbindung 1.6 zu beseitigen dadurch, daß als Ausgleich an den Punktwerten 1 bis 6 und ihren Verbindungen (ohne 1.6) Veränderungen vorgenommen werden?

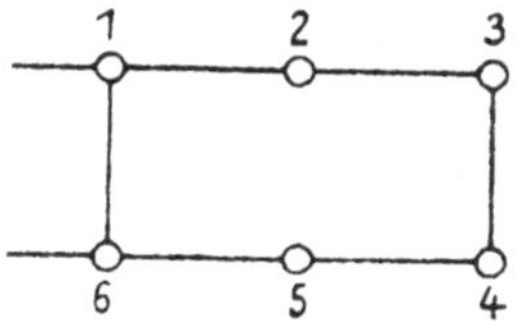

Abb. A, 39. Endmasche einer sonst beliebigen Punktdarstellung

Man hat die Gleichungen

$$\begin{aligned} a_2\ K_2 - a_{2.3} K_3 \qquad\qquad\qquad\qquad &= a_{2.1} K_1 \\ - a_{3.2} K_2 + a_3\ K_3 - a_{3.4} K_4 \qquad\qquad &= 0 \\ - a_{4.3} K_3 + a_4\ K_4 - a_{4.5} K_5 &= 0 \\ - a_{5.4} K_4 + a_5\ K_5 &= a_{5.6} K_6 \end{aligned}$$

Daraus folgt: $K_2 = \varphi_{2.2} a_{2.1} K_1 + \varphi_{2.5} a_{5.6} K_6$

und $K_5 = \varphi_{5.2} a_{2.1} K_1 + \varphi_{5.5} a_{5.6} K_6$,

wo $\begin{cases} \varphi_{2.2} = \frac{|2|(3.4.5)}{(2.3.4.5)}, & \varphi_{5.5} = \frac{|5|(4.3.2)}{(5.4.3.2)} \\ \varphi_{2.5} = \frac{|2.3.4.5|}{(2.3.4.5)}, & \varphi_{5.2} = \frac{|5.4.3.2|}{(5.4.3.2)} \end{cases}$

Führt man aus der ersten dieser beiden Gleichungen den Wert von K_6 in die Ausgangsgleichung für K_1 ein und aus der zweiten den Wert von K_1 in die Ausgangsgleichung für K_6, so tritt an Stelle von

$$a_1 \quad \text{der neue Wert} \quad a_1 + \frac{|2.1.6|(3.4.5)}{|2.3.4.5.6|}$$

$$a_6 \quad ,, \quad ,, \quad ,, \quad a_6 + \frac{|5.6.1|(4.3.2)}{|5.4.3.2.1|}$$

$$a_{1.2} \quad ,, \quad ,, \quad ,, \quad a_{1.2}\left(1 + \frac{|1.6|(2.3.4.5)}{|1.2.3.4.5.6|}\right)$$

$$a_{6.5} \quad ,, \quad ,, \quad ,, \quad a_{6.5}\left(1 + \frac{|6.1|(2.3.4.5)}{|6.5.4.3.2.1|}\right)$$

Alle übrigen Ausgangswerte, demnach auch $a_{2.1}$ und $a_{5.6}$, bleiben unverändert.

Dieses Verfahren ist die Verallgemeinerung der ,,Umformung mit rekurrenten Formelreihen“[1]. Die rekurrente Berechnung ist dabei vermieden. Gegenüber dem Abschneiden der Maschen ergibt sich der Vorzug, daß die ursprüngliche Form des Maschennetzes beibehalten wird. Dadurch wird z. B. die Ermittelung aller $F_{\mu.\nu}$ erleichtert.

c) Umformung von Maschennetzen durch Spaltung (vgl. A, IV, 5, Spaltung der Punktketten). Die Umformung geschieht sinngemäß so wie bei den Punktketten. Zu jeder Gleichung werden die mit den leicht zu bildenden erforderlichen Faktoren multiplizierten Gleichungen der Nachbarpunkte (Punkte 1. Folge) hinzuaddiert. In der neu entstehenden Gleichung verschwinden die zu den Punkten 1. Folge gehörigen Unbekannten. Neu hinzu treten dafür die zu den Punkten 2. Folge gehörigen.

Einige einfache Beispiele mögen dies erläutern. Die Punkte 1, 3, 5 der Abb. A, 40 bilden bei Winkelnormalgleichungen nach der Spaltung die Punktkette Abb. A, 41[2]).

Das erste Spaltungssystem entsprechend Abb. A, 42 ist die Punktkette 1, 4, 6, 9, 11, 14.

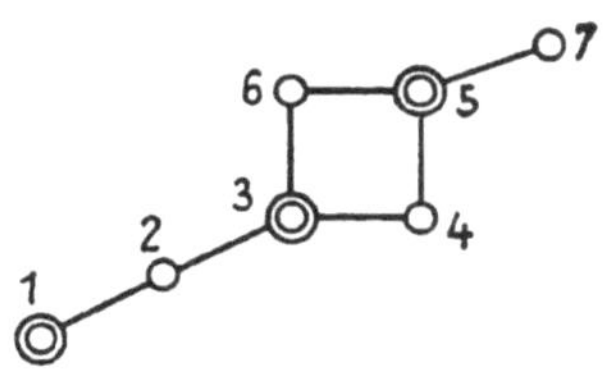

Abb. A, 40. Vierecksmasche mit anhängenden Punktketten

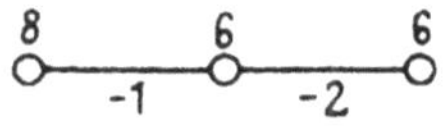

Abb. A, 41. Ergebnis der Spaltung bei Abb. 40

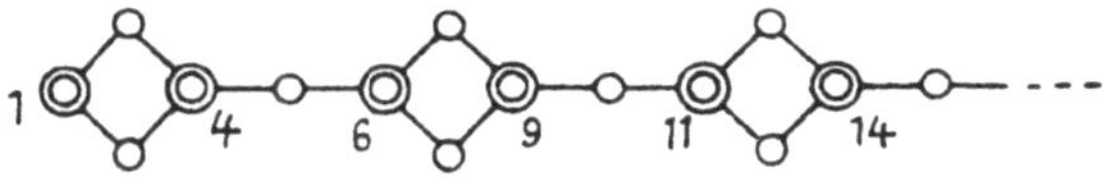

Abb. A, 42. Vierecksmaschen mit zwischengeschalteten Punktketten

Eine einfache Masche in Verbindung mit Punktketten läßt sich stets spalten (vgl. die Abbildungen 43, 44, 45).

Nicht immer führt die Verbindung mit den Punkten 2. Folge zu einer Spaltung in zwei Systeme. Trotzdem kann dadurch eine wesentliche Vereinfachung herbeigeführt werden. Abb. A, 46 zeigt

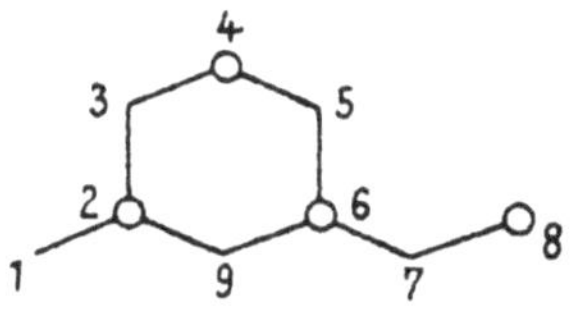

Abb. A, 43. Punktdarstellung der Winkelnormalgleichungen eines sechsstrahligen Zentralsystems mit zwei anhängenden Dreieckesketten

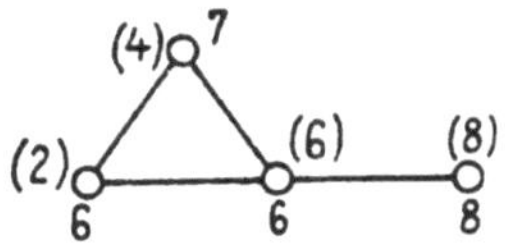

Abb. A, 44. Die Punktdarstellung gemäß Abb. 43 nach der Spaltung

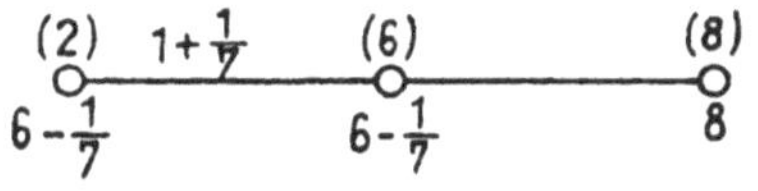

Abb. A, 45. Die Punktdarstellung Abb. A, 44 nach Abschneiden der Spitze

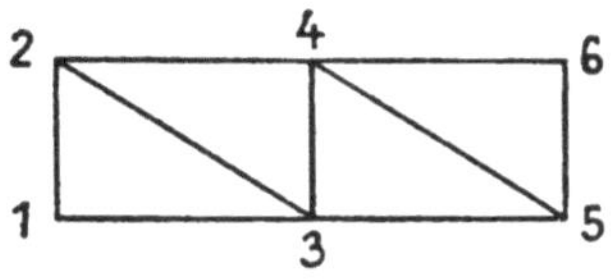

Abb. A, 46. Punktdarstellung eines Systems von 6 fünfgliedrigen Elastizitätsgleichungen

die Punktdarstellung eines Systems von 6 fünfgliedrigen Elastizitätsgleichungen[3]). Man kann ein derartiges System an Hand der Punktdarstellung zunächst dadurch auflösen, daß man eine Spitze nach der anderen abschneidet.

[1]) Vgl. [11], S. 15 u. f. [2]) Vgl. [11], Tab. 18. [3]) Vgl. [10], S. 50.

Verbindet man aber die Punkte 2. Folge, so gehören zu

1	die Punkte	4,5
2	„ „	5,6
3	„ „	6
4	„ „	1
5	„ „	1,2
6	„ „	2,3

Demnach entsteht die Punktkette

Abb. A, 47. Resultierende Punktdarstellung zu Abb. A, 46

d) Die allgemeinen Formeln gestatten es, ein beliebiges zu einer Mittelachse symmetrisches System nach Reduktion auf die Hälfte aufzulösen.

e) Verbindet man die Lösung mit dem Entwickelungsverfahren, so ist es zweckmäßig, für den Zusammenschluß von Netzen zwei Außenteile und einen kleinen Mittel-

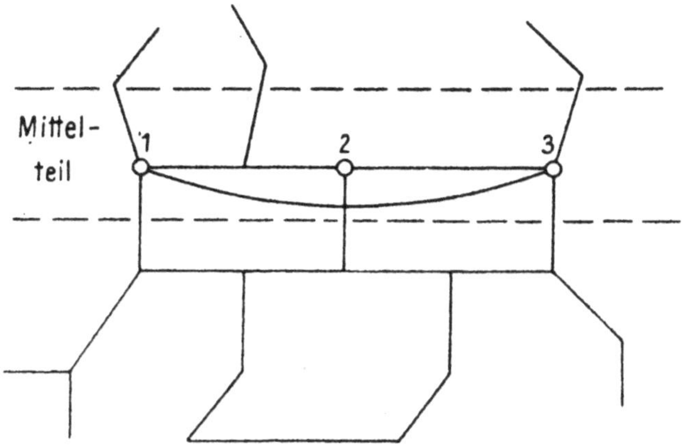

Abb. A, 48. Skizze einer allgemeinen Netz-Punktdarstellung zur Verbindung der Lösung mit dem Entwickelungsverfahren

teil zu unterscheiden. Dieser Mittelteil enthält nur wenige Punkte, die zugleich Nachbarpunkte zu jedem der beiden Außenteile sind. Nach dem Abtrennen der Außenteile gehören nach dem Invarianzgesetz zum Mittelteil nur wenige Normalgleichungen (untenstehend nur die Dreiecksmasche 1, 2, 3).

VI. Zahlensysteme mit dem Grundwert z (Anhang)

Der Kettenbruch $K_\infty = \frac{1|}{|z} - \frac{1|}{|z} - \frac{1|}{|z} - \ldots$ hat den Wert

$$\frac{z - \sqrt{z^2 - 4}}{2} = \frac{1}{e^u} \qquad z \geqq 2$$

Die Näherungsnenner sind: $Z_0\ Z_1\ Z_2\ Z_3\ \ldots$

und für $z = 3$ $N_0\ N_1\ N_2\ N_3\ \ldots$

Für $z = 2$ ist $Z_0 = 0,\ Z_1 = 1,\ Z_2 = 2$ und allgemein $Z_n = n$.

In den vorangegangenen Untersuchungen ist von diesen Näherungsnennern vielfach Gebrauch gemacht. Nur wurde für bequemeres Rechnen gesetzt $z_n = Z_{n+1}$ und $\mathfrak{Z}_n = N_{n+1}$. Es liegt daher nahe, diese Zahlensysteme weiter zu erforschen.

Es ist

$$Z_n = z^{n-1} - \binom{n-2}{1} z^{n-3} + \binom{n-3}{2} z^{n-5} - \ldots$$

oder auch, da

$$\frac{z + \sqrt{z^2 - 4}}{2} = e^u$$

$$Z_n = \frac{2}{\sqrt{z^2 - 4}} \cdot \frac{e^{nu} - e^{-nu}}{2} = \frac{2}{\sqrt{z^2 - 4}} \cdot \mathfrak{Sin}\, nu \text{ [1]}$$

[1] Vgl. [16], S. 19.

Mit Worten:

1. Für $z = 2$ ergeben die Z das natürliche Zahlensystem.
2. Die Z sind Sinusfunktionen. Daraus folgt ihre außerordentliche Verwandlungsfähigkeit.
3. Allgemeine Rekursionsformel:

(A, 31) $$Z_{n+1} = zZ_n - Z_{n-1}$$

4. Weitere Formeln:

(A, 32) $$Z_{n-1} \cdot Z_{n+1} = Z_n^2 - 1$$

(A, 33) $$Z_{2n+1} - Z_{2n-1} - 2 = (z^2 - 4)\, Z_n^2$$

(A, 34) $$Z_{2n} = Z_n(Z_{n+1} - Z_{n-1})$$

(A, 35) $$Z_{2n+1} = (Z_{n+1} + Z_n)(Z_{n+1} - Z_n)$$

5. Der Beweis für diese Formeln ergibt sich aus den vorangegangenen Sätzen über Zerlegung und Überschneidung.
6. Alle Formeln mit Z-Werten lassen sich schnell durch Einsetzen von $z = 2$ prüfen. Z. B. Formel (A, 32): $(n-1)(n+1) = n^2 - 1$, oder Formel (A, 35): $2n + 1 = (n + 1 + n)(n + 1 - n)$.
7. Daher gelten auch alle Gesetze der natürlichen Zahlen für die allgemeinen Z-Systeme je mit dem Grundwert $z > 2$, falls nur die erforderlichen Verallgemeinerungen der Formeln vorgenommen werden.
8. Umgekehrt gelten alle Eigenschaften der Z-Systeme auch für das System der natürlichen Zahlen.
9. Gemäß den Formeln (A, 34) und (A, 35) hat jedes Z_m, mag m gerade oder ungerade sein, mindestens zwei Faktoren. Die Ausnahmefälle, wo einer dieser Teiler gleich 1 ist, sind leicht zu übersehen.

Abschnitt B

W. Jenne, Beiträge zur praktischen Anwendung des Friedrichschen Determinantenverfahrens und der vervollkommneten Kettenbruchlösung

I. Determinantentabelle

Die Bemerkung von Friedrich[1]) über die Nützlichkeit von Tabellen der ungekürzten Determinanten-Zahlwerte D für die Auflösung der Winkelnormalgleichungen trigonometrischer Netze hat mich veranlaßt, eine derartige Tabelle zu berechnen und nachstehend zum Abdruck zu bringen. Die Tabelle enthält die ungekürzten Zahlenwerte D der Determinanten des Systems der durch 2 dividierten Winkelnormalgleichungen nebst den zugehörigen Punktdarstellungen für alle bei Fehlen von Diagonalen, von Flächenüberdeckungen und von dreistrahligen Zentralsystemen möglichen Dreieckskonfigurationen bis zu 10 Dreiecken einschließlich, soweit sie nicht allzu unwahrscheinliche Winkel ergeben; so wurden weiterhin alle diejenigen Konfigurationen ausgeschlossen, die die höchst unwahrscheinliche Kombination zweier verschränkter vierstrahliger Zentralsysteme enthalten.

Aus den genannten Einschränkungen folgt für die zu den Determinantenwerten gehörigen Punktdarstellungen:

a) Alle Einzelpunktwerte sind gleich 3, alle Verbindungswerte gleich -1; da es auch auf die Reihenfolge der Punkte nicht ankommt, so konnten die Punktdarstellungen gänzlich unbeziffert bleiben, bis auf die in jedes auftretende Polygon hineingesetzte Eckenanzahl, durch deren Beifügung die rasche Aufsuchung einer bestimmten Punktdarstellung erleichtert wird.

b) Es treten in den Punktdarstellungen keine Dreiecksmaschen auf und niemals zwei Vierecke, die eine Seite gemeinsam haben.

c) Von einem Punkt können höchstens drei Verbindungen ausgehen.

Die Tabelle ist im Bereich einer bestimmten Dreiecksanzahl nach abnehmenden Werten von D geordnet. Der Übersichtlichkeit halber schien es mir zweckmäßig, jeden der Zahlenwerte D mit einem Doppelindex n, m zu versehen. Der erste Index n bezeichnet die Anzahl der Punkte, läuft also für die vorliegende Tabelle nur von 4 bis 10, da die Mitnahme der Punktdarstellungen mit 1, 2 und 3 Punkten überflüssig erschien; der zweite Index m stellt die innerhalb einer festen Dreiecksanzahl laufende Nummer dar. Die Anzahl der unter den gemachten plausiblen Einschränkungen für die einzelnen Dreiecksanzahlen möglichen Netzkonfigurationen zeigt die nachfolgende kleine Tabelle.

Vollständigkeit der Determinanten-Tabelle wurde nach Möglichkeit angestrebt; sollte trotzdem bei den höheren Dreiecksanzahlen eine oder die andere mögliche Konfiguration der Aufmerksamkeit des Verfassers entgangen sein, so wäre dies kein erheblicher Mangel; denn irgendeine fehlende Zahl D läßt sich natürlich an Hand der Zahlen $D_{n,m}$ mit kleinerem ersten Index n schnellstens berechnen.

Für $n = 11$ sind unter den gleichen Einschränkungen annähernd 600 Konfigurationen möglich; daher wurde die Tabelle auf $n = 10$ Dreiecke beschränkt.

n	m_{max}
4	3
5	4
6	9
7	17
8	41
9	91
10	240
Insgesamt	405

Tabelle der Anzahl der möglichen Netzkonfigurationen

[1]) Vgl. S. 21.

Bei der Veröffentlichung meiner Korrelatentabellen[1]) hatte ich unter jede Tabelle die mit G bezeichnete kleinste ganze Zahl gesetzt, deren Multiplikation mit sämtlichen Tabellenzahlen ganze Zahlen ergibt. Die Zahlen G sind natürlich immer Teiler von $2D$, so daß bis zur Dreiecksanzahl $n = 9$ die Zahlenwerte D aus den Zahlen G durch Multiplikation mit einem einfachen Bruch, z. B. $\frac{1}{2}$, $\frac{3}{2}$, $\frac{9}{2}$ usw. entnommen werden konnten[2]). Für $n = 10$ Dreiecke wurden die Zahlen $D_{10,m}$ auf mindestens zwei verschiedenen Wegen von mir berechnet, außerdem bei umfangreichen Berechnungen von Korrelatentabellen vielfach benutzt; somit wurde ausreichende Vorsorge getroffen, um nach Möglichkeit Fehlerfreiheit der Tabelle zu erreichen. Die unter jeden Zahlenwert D gesetzte Zerlegung von $D_{n,m}$ in Primfaktoren bietet nützliche Kontrollen bei Zahlenrechnungen.

Geht man von der einfachen Dreieckskette zu beliebig komplizierten Dreiecksnetzen über, so tritt für die Auflösung der Winkelnormalgleichungen das System der Zahlen $D_{n,m}$ an die Stelle der rekurrenten Zahlenreihe der N; für beliebige Zahlen n besteht dabei die Beziehung

(B, 1) $$D_{n,1} = N_{n+1}$$

Um eine bestimmte Dreieckskonfiguration bzw. Punktdarstellung möglichst rasch in der Tabelle aufzufinden, beachte man folgende Regeln für die Größenbeziehungen zwischen den $D_{n,m}$.

(B, 2) $$1. \qquad D_{n,m} \leqq N_{n+1};$$

das Gleichheitszeichen gilt ausschließlich für $m = 1$.

(B, 3) $$2. \qquad N_{n+1} \geqq D_{n,m} > N_n;$$

oder in Worten: Die Zahl $D_{n,m}$ liegt zwischen den Zahlen N_{n+1} und N_n.

3. Innerhalb jeder Dreiecksanzahl gilt im allgemeinen die Regel, daß D um so kleiner wird, je verwickelter die Punktdarstellung wird; d. h. D wird sowohl kleiner, wenn die Zahl der Verzweigungspunkte steigt als auch wenn die Maschenzahl zunimmt. Bei einer bestimmten Dreiecksanzahl n, etwa $n = 10$, ist daher die Reihenfolge der Punktdarstellungen die folgende: einfache Punktkette; offene Punktkette mit 1, 2, 3, 4 Verzweigungspunkten, in der Reihenfolge der Zahlen 1, 2, 3, 4; Einzelmasche ohne und mit Verzweigungen; Doppelmasche ohne und mit Verzweigungen; Dreifachmasche ohne und mit Verzweigung.

Regel 1 gilt für beliebige Zahlen n und m; Regel 2 gilt bis $n = 10$ einschließlich, also für den Bereich der Tabelle, ohne Ausnahme; von Regel 3 treten mit wachsendem n immer mehr Ausnahmen auf, innerhalb des Tabellenbereichs jedoch nur die einzige Ausnahme, daß die einmaschige Punktdarstellung 10,158 in den Bereich der doppelmaschigen Punktdarstellungen gerückt ist[3]).

Nachstehend ein Beispiel für den zweckmäßigen Gebrauch der Tabelle. Es sei eine Korrelatentabelle aufzustellen zur Auflösung der mit gleichgewichtigen Richtungsverbesserungen gebildeten Winkelnormalgleichungen eines Dreiecksnetzes aus 11 Dreiecken, das zwei verschränkte Zentralsysteme enthält (vgl. die Punktdarstellung Abb. B, 1).

Indem wir zwischen den Punkten 1 und 2 durchschneiden, ergibt sich der Gesamtpunktwert D nach dem „Zerlegungssatz" (S. 7) zu

$$D = 3 \cdot D_{10,214} - D_{9,87} = 3 \cdot 10055 - 3864 = 26301 = 3 \cdot 11 \cdot 797$$

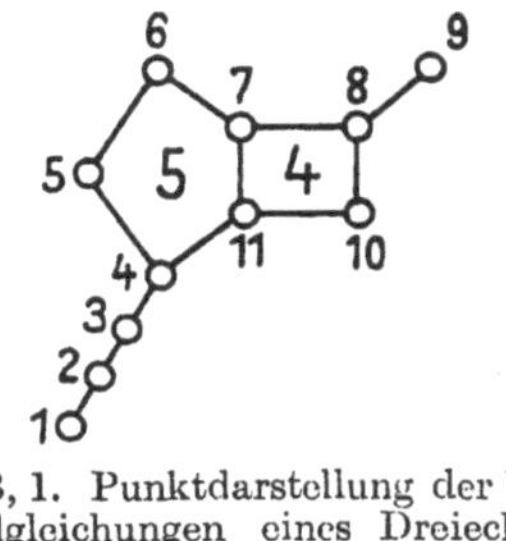

Abb. B, 1. Punktdarstellung der Winkelnormalgleichungen eines Dreiecksnetzes aus 11 Dreiecken, das zwei verschränkte Zentralsysteme enthält

Kontrollrechnung — Schnitt zwischen den Punkten 8 und 9:

$$D = 3 \cdot D_{10,191} - D_{9,36} = 3 \cdot 10539 - 5316 = 26301$$

Die quadratischen Koeffizienten $F_{\mu.\mu}$ sind in diesem Falle fast ohne Rechnung aus der Determinantentabelle zu entnehmen. Es ist

---

1) [11], S. 48—84. — Es sei nochmals erwähnt, daß in [11], S. 62, Tabelle 62, infolge eines kürzlich entdeckten Rechenfehlers folgende Werte fehlerhaft und durch die nachfolgenden zu ersetzen sind:
$f_{3.3} = f_{4.4} = f_{6.6} = f_{7.7} = -0.23221$; $f_{3.4} = -0.09279 = f_{6.7}$; $f_{3.6} = -0.03029 = f_{4.7}$; $f_{3.7} = -0.04471$; $G = 2080$.

2) Vgl. [12], S. 77 unten.

3) Vgl. hierzu die Ausführungen von K. Fr edr ch über das „Güteverhältnis" in [10], S. 4 ff.

$$F_{1.1} = D_{10,214} = 10055 \qquad F_{7.7} = D_{10,7} = 17207$$
$$F_{2.2} = 3 \cdot D_{9,87} = 11592 \qquad F_{8.8} = 3 \cdot D_{9,36} = 15948$$
$$F_{3.3} = 8 \cdot D_{8,41} = 12296 \qquad F_{9.9} = D_{10,191} = 10539$$
$$F_{4.4} = 21 \cdot D_{7,15} = 15687 \qquad F_{10.10} = D_{10,66} = 13919$$
$$F_{5.5} = D_{10,136} = 12824 \qquad F_{11.11} = D_{10,2} = 17334$$
$$F_{6.6} = D_{10,125} = 13014 \ .$$

Die gemischten Koeffizienten $F_{\mu.\nu}$ bestimmt man zweckmäßig wie folgt:

$$F_{1.2} = D_{9,87} = 3864$$
$$F_{1.3} = D_{8,41} = 1537$$
$$F_{1.4} = D_{7,15} = 747$$
$$F_{1.5} = D_{6,9} + N_4 + N_2 = 287 + 21 + 3 = 311$$
$$F_{1.6} = 3F_{1.5} - F_{1.4} = 186$$
$$F_{1.7} = 3F_{1.6} - F_{1.5} = 247$$
$$F_{1.11} = 3F_{1.4} - F_{1.3} - F_{1.5} = 393$$
$$F_{1.8} = 3F_{1.7} - F_{1.6} - F_{1.11} = 162$$
$$F_{1.9} = \frac{1}{3} \cdot F_{1.8} = 54$$
$$F_{1.10} = (3F_{1.8} - F_{1.9}) - F_{1.7} = 8F_{1.9} - F_{1.7} = 185$$

Kontrolle:

$$F_{1.11} = 3F_{1.10} - F_{1.8} = 393$$

$$F_{2.\nu} = 3 \cdot F_{1.\nu} \qquad \nu = 2,3,4,5,6, \ldots 11$$
$$F_{3.\nu} = 8 \cdot F_{1.\nu} \qquad \nu = 3,4,5,6, \ldots 11$$
$$F_{4.\nu} = 21 \cdot F_{1.\nu} \qquad \nu = 4,5,6, \ldots 11$$
$$F_{5.6} = 3F_{5.5} - D - F_{5.4} = 5640 \quad \text{usw.}$$

Die kurzen Berechnungen sind, wie man sieht, zum kleineren Teil ausgeführt nach dem Friedrichschen „Gesetz der Verbindungsprodukte"[1]), zum größten Teil mit Hilfe der aus der Punktdarstellung Abb. B, 1 abzulesenden Gewichtsgleichungen, je nachdem wie es gerade zweckmäßig erschien.

Ist die Anzahl der Dreiecke größer als 11, so können zwar die quadratischen Koeffizienten $F_{\mu.\mu}$ nicht mehr unmittelbar aus der Determinantentabelle entnommen werden; aber diese Tabelle wird jedenfalls von Nutzen sein, bis bei wachsenden Zahlen n die Rechnung mit den ganzen Zahlen $F_{\mu.\nu}$ nicht mehr lohnend erscheint, so daß man besser zur Dezimalbruchrechnung mit den $f_{\mu.\nu} = -\frac{F_{\mu.\nu}}{2D}$ übergeht.

Lfde. Nr.	Punktdarstellung	D
	$n = 4$	
4,1	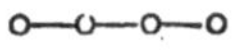	55 $=5 \cdot 11$
4,2	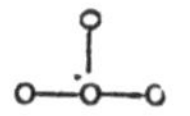	54 $=2 \cdot 3^3$
4,3		45 $=3^2 \cdot 5$
	$n = 5$	
5,1		144 $=2^4 \cdot 3^2$
5,2	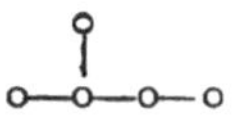	141 $=3 \cdot 47$
5,3	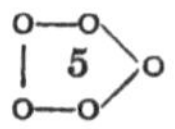	121 $=11^2$
5,4	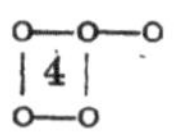	114 $=2 \cdot 3 \cdot 19$

Lfde. Nr.	Punktdarstellung	D
	$n = 6$	
6,1		377 $=13 \cdot 29$
6,2	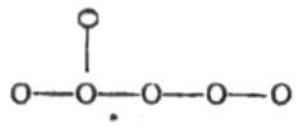	369 $=3^2 \cdot 41$
6,3	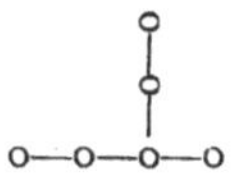	368 $=2^4 \cdot 23$
6,4	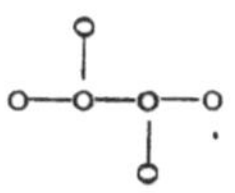	360 $=2^3 \cdot 3^2 \cdot 5$
6,5	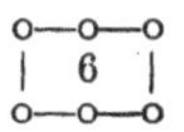	320 $=2^6 \cdot 5$
6,6	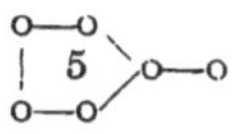	308 $=2^2 \cdot 7 \cdot 11$
6,7	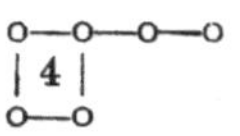	297 $=3^3 \cdot 11$

Lfde. Nr.	Punktdarstellung	D
	$n = 6$	
6,8	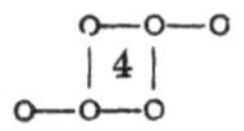	288 $=2^5 \cdot 3^2$
6,9	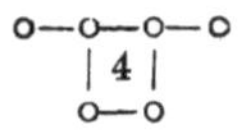	287 $=7 \cdot 41$
	$n = 7$	
7,1	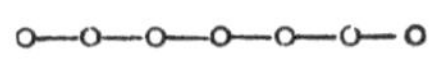	987 $=3 \cdot 7 \cdot 47$
7,2	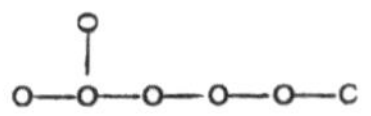	966 $=2 \cdot 3 \cdot 7 \cdot 23$
7,3	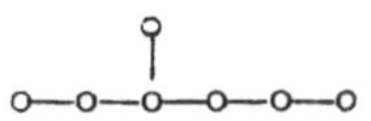	963 $=3^2 \cdot 107$
7,4	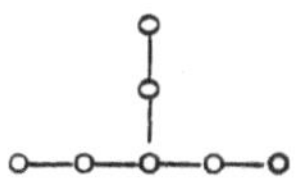	960 $=2^6 \cdot 3 \cdot 5$

[1]) Vgl. S. 10.

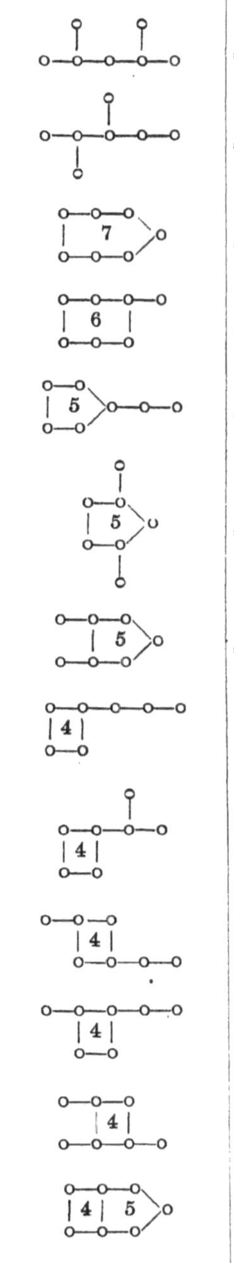

Lfde. Nr.	Punktdarstellung	D
7,5		945 $=3^3 \cdot 5 \cdot 7$
7,6		939 $=3 \cdot 313$
7,7		841 $=29^2$
7,8		816 $=2^4 \cdot 3 \cdot 17$
7,9		803 $=11 \cdot 73$
7,10		783 $=3^3 \cdot 29$
7,11		780 $=2^2 \cdot 3 \cdot 5 \cdot 13$
7,12		777 $=3 \cdot 7 \cdot 37$
7,13		756 $=2^2 \cdot 3^3 \cdot 7$
7,14		750 $=2 \cdot 3 \cdot 5^3$
7,15		747 $=3^2 \cdot 83$
7,16		720 $=2^4 \cdot 3^2 \cdot 5$
7,17		615 $=3 \cdot 5 \cdot 41$

$n = 8$

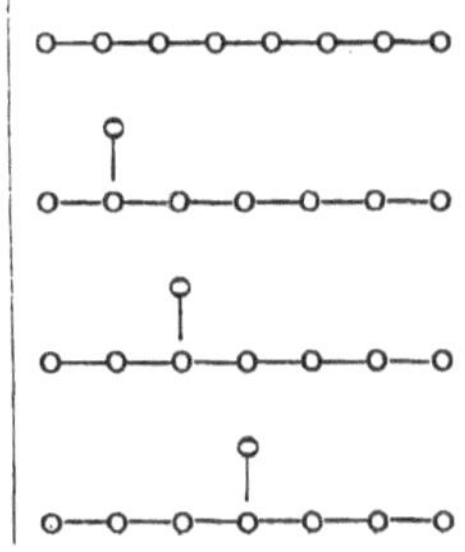

Lfde. Nr.	Punktdarstellung	D
8,1		2584 $=2^3 \cdot 17 \cdot 19$
8,2		2529 $=3^2 \cdot 281$
8,3		2521 $=P$
8,4		2520 $=2^3 \cdot 3^2 \cdot 5 \cdot 7$

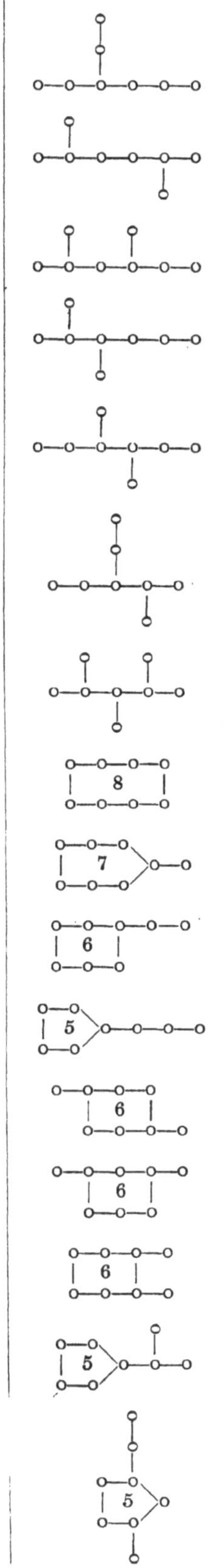

Lfde. Nr.	Punktdarstellung	D
8,5		2512 $=2^4 \cdot 157$
8,6		2475 $=3^2 \cdot 5^2 \cdot 11$
8,7		2466 $=2 \cdot 3^2 \cdot 137$
8,8		2457 $=3^3 \cdot 7 \cdot 13$
8,9		2449 $=31 \cdot 79$
8,10		2448 $=2^4 \cdot 3^2 \cdot 17$
8,11		2394 $=2 \cdot 3^2 \cdot 7 \cdot 19$
8,12		2205 $=3^2 \cdot 5 \cdot 7^2$
8,13		2146 $=2 \cdot 29 \cdot 37$
8,14		2128 $=2^4 \cdot 7 \cdot 19$
8,15		2101 $=11 \cdot 191$
8,16		2080 $=2^5 \cdot 5 \cdot 13$
8,17		2079 $=3^3 \cdot 7 \cdot 11$
8,18		2071 $=19 \cdot 109$
8,19		2046 $=2 \cdot 3 \cdot 11 \cdot 31$
8,20		2041 $=13 \cdot 157$

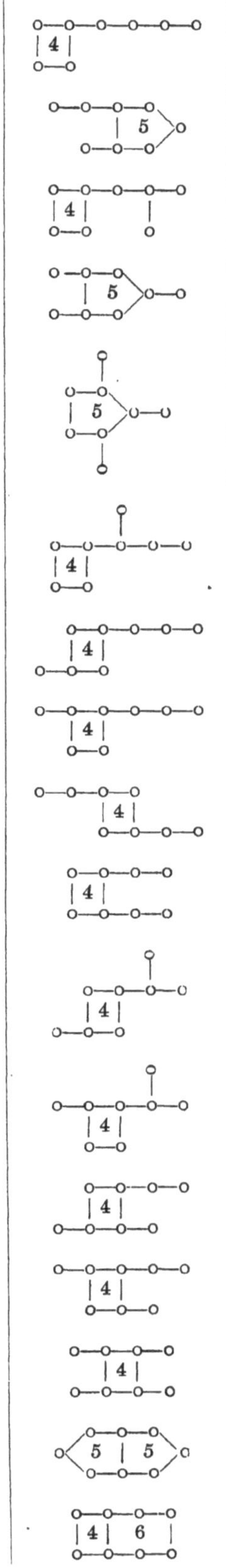

Lfde. Nr.	Punktdarstellung	D
8,21		2034 $=2 \cdot 3^2 \cdot 113$
8,22		2032 $=2^4 \cdot 127$
8,23		1989 $=3^2 \cdot 13 \cdot 17$
8,24		1980 $=2^2 \cdot 3^2 \cdot 5 \cdot 11$
8,25		1972 $=2^2 \cdot 17 \cdot 29$
8,26		1971 $=3^3 \cdot 73$
8,27		1962 $=2 \cdot 3^2 \cdot 109$
8,28		1954 $=2 \cdot 977$
8,29		1953 $=3^2 \cdot 7 \cdot 31$
8,30		1944 $=2^3 \cdot 3^5$
8,31		1908 $=2^2 \cdot 3^2 \cdot 53$
8,32		1899 $=3^2 \cdot 211$
8,33		1873 $=P$
8,34		1872 $=2^4 \cdot 3^2 \cdot 13$
8,35		1792 $=2^8 \cdot 7$
8,36		1680 $=2^4 \cdot 3 \cdot 5 \cdot 7$
8,37		1639 $=11 \cdot 149$

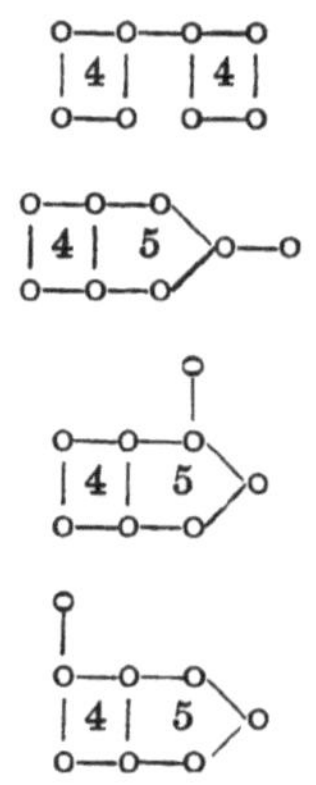

Lfde. Nr.	Punktdarstellung	D
8,38		1584 $=2^4 \cdot 3^2 \cdot 11$
8,39		1558 $=2 \cdot 19 \cdot 41$
8,40		1548 $=2^2 \cdot 3^2 \cdot 43$
8,41		1537 $=29 \cdot 53$

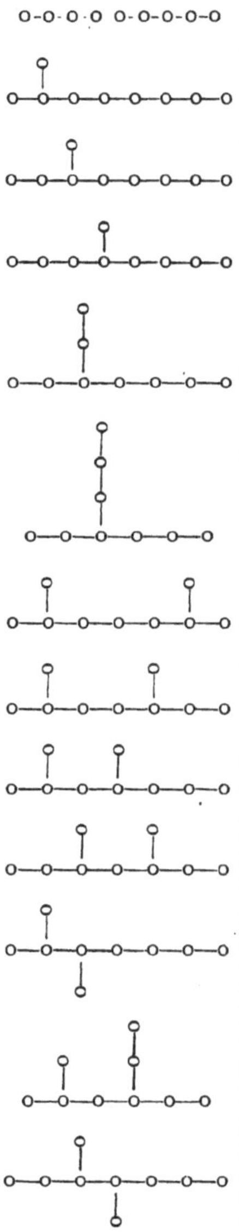

Lfde. Nr.	Punktdarstellung	D
	$n = 9$	
9,1		6765 $=3 \cdot 5 \cdot 11 \cdot 41$
9,2		6621 $=3 \cdot 2207$
9,3		6600 $=2^3 \cdot 3 \cdot 5^2 \cdot 11$
9,4		6597 $=3^2 \cdot 733$
9,5		6576 $=2^4 \cdot 3 \cdot 137$
9,6		6573 $=3 \cdot 7 \cdot 313$
9,7		6480 $=2^4 \cdot 3^4 \cdot 5$
9,8		6459 $=3 \cdot 2153$
9,9		6453 $=3^3 \cdot 239$
9,10		6435 $=3^2 \cdot 5 \cdot 11 \cdot 13$
9,11		6432 $=2^5 \cdot 3 \cdot 67$
9,12		6432 $=2^5 \cdot 3 \cdot 67$
9,13		6408 $=2^3 \cdot 3^2 \cdot 89$

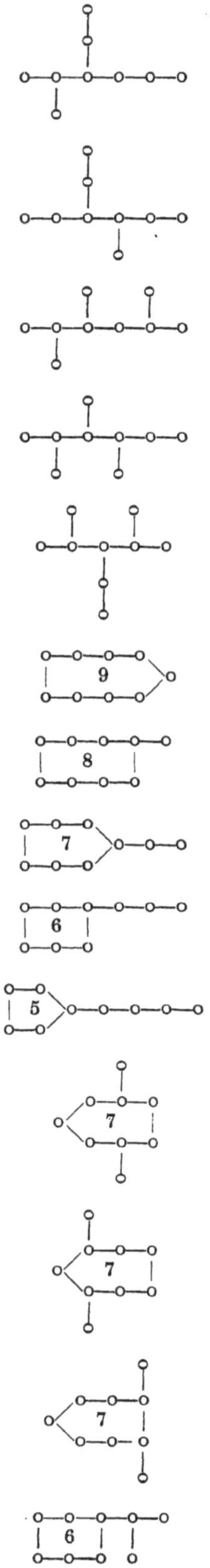

Lfde. Nr.	Punktdarstellung	D
9,14		6405 $=3 \cdot 5 \cdot 7 \cdot 61$
9,15		6384 $=2^4 \cdot 3 \cdot 7 \cdot 19$
9,16		6291 $=3^3 \cdot 233$
9,17		6243 $=3 \cdot 2081$
9,18		6237 $=3^4 \cdot 7 \cdot 11$
9,19		5776 $=2^4 \cdot 19^2$
9,20		5628 $=2^2 \cdot 3 \cdot 7 \cdot 67$
9,21		5597 $=29 \cdot 193$
9,22		5568 $=2^6 \cdot 3 \cdot 29$
9,23		5500 $=2^2 \cdot 5^3 \cdot 11$
9,24		5475 $=3 \cdot 5^2 \cdot 73$
9,25		5472 $=2^5 \cdot 3^2 \cdot 19$
9,26		5451 $=3 \cdot 23 \cdot 79$
9,27		5424 $=2^4 \cdot 3 \cdot 113$

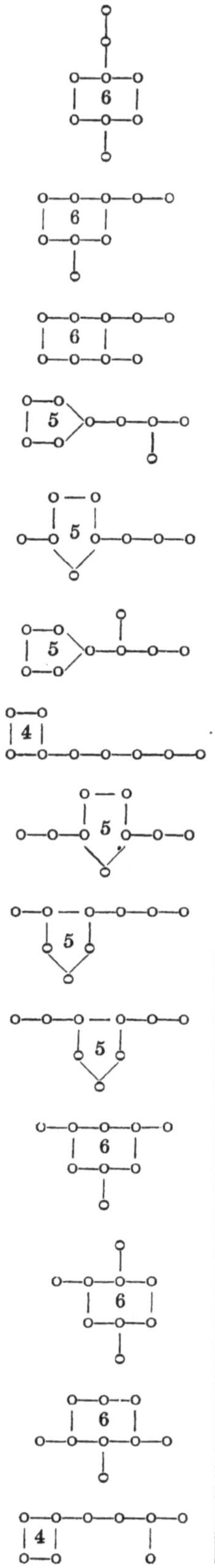

Lfde. Nr.	Punktdarstellung	D
9,28		5424 $=2^4 \cdot 3 \cdot 113$
9,29		5421 $=3 \cdot 13 \cdot 139$
9,30		5397 $=3 \cdot 7 \cdot 257$
9,31		5379 $=3 \cdot 11 \cdot 163$
9,32		5340 $=2^2 \cdot 3 \cdot 5 \cdot 89$
9,33		5335 $=5 \cdot 11 \cdot 97$
9,34		5325 $=3 \cdot 5^2 \cdot 71$
9,35		5320 $=2^3 \cdot 5 \cdot 7 \cdot 19$
9,36		5316 $=2^2 \cdot 3 \cdot 443$
9,37		5293 $=67 \cdot 79$
9,38		5292 $=2^2 \cdot 3^3 \cdot 7^2$
9,39		5274 $=2 \cdot 3^2 \cdot 293$
9,40		5250 $=2 \cdot 3 \cdot 5^3 \cdot 7$
9,41		5211 $=3^3 \cdot 193$

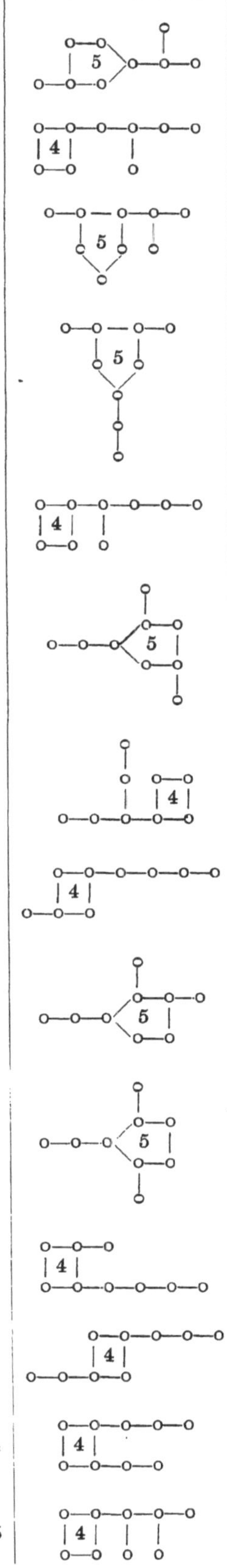

Lfde. Nr.	Punktdarstellung	D
9,42		5199 $=3 \cdot 1733$
9,43		5190 $=2 \cdot 3 \cdot 5 \cdot 173$
9,44		5172 $=2^2 \cdot 3 \cdot 431$
9,45		5160 $=2^3 \cdot 3 \cdot 5 \cdot 43$
9,46		5157 $=3^3 \cdot 191$
9,47		5157 $=3^3 \cdot 191$
9,48		5136 $=2^4 \cdot 3 \cdot 107$
9,49		5136 $=2^4 \cdot 3 \cdot 107$
9,50		5136 $=2^4 \cdot 3 \cdot 107$
9,51		5133 $=3 \cdot 29 \cdot 59$
9,52		5115 $=3 \cdot 5 \cdot 11 \cdot 31$
9,53		5109 $=3 \cdot 13 \cdot 131$
9,54		5085 $=3^2 \cdot 5 \cdot 113$
9,55		5022 $=2 \cdot 3^4 \cdot 31$

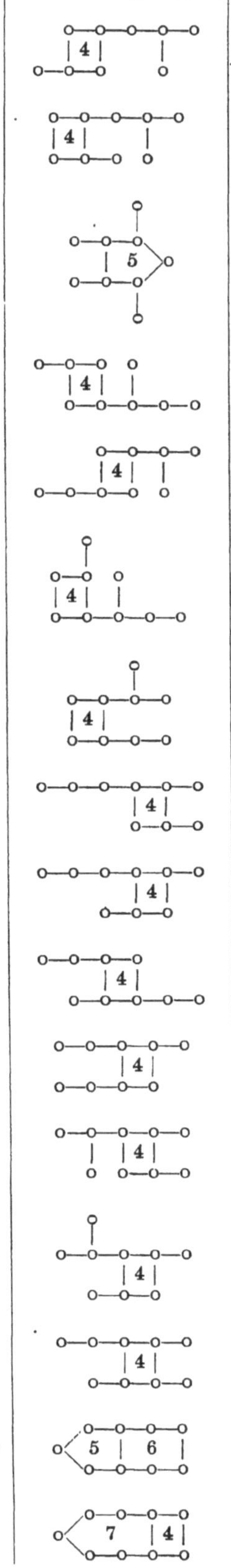

Lfde. Nr.	Punktdarstellung	D
9,56		5022 $=2 \cdot 3^4 \cdot 31$
9,57		5001 $=3 \cdot 1667$
9,58		4977 $=3^2 \cdot 7 \cdot 79$
9,59		4974 $=2 \cdot 3 \cdot 829$
9,60		4968 $=2^3 \cdot 3^3 \cdot 23$
9,61		4950 $=2 \cdot 3^2 \cdot 5^2 \cdot 11$
9,62		4941 $=3^4 \cdot 61$
9,63		4899 $=3 \cdot 23 \cdot 71$
9,64		4896 $=2^5 \cdot 3^2 \cdot 17$
9,65		4872 $=2^3 \cdot 3 \cdot 7 \cdot 29$
9,66		4869 $=3^2 \cdot 541$
9,67		4758 $=2 \cdot 3 \cdot 13 \cdot 61$
9,68		4752 $=2^4 \cdot 3^3 \cdot 11$
9,69		4656 $=2^4 \cdot 3 \cdot 97$
9,70		4469 $=41 \cdot 109$
9,71		4320 $=2^5 \cdot 3^3 \cdot 5$

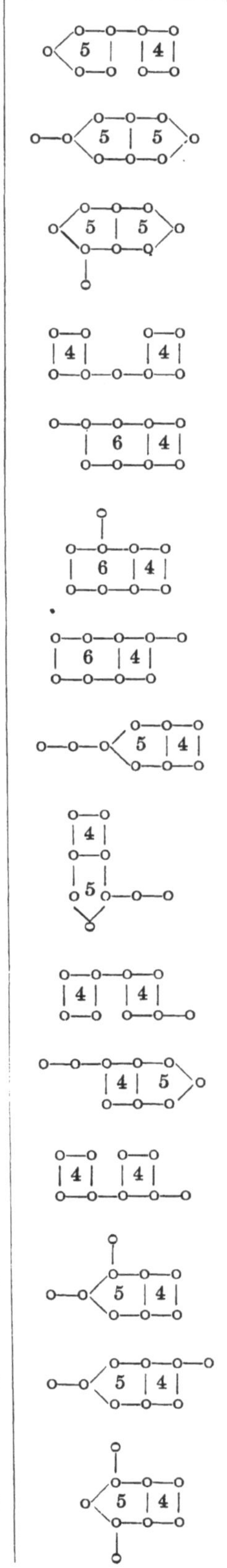

Lfde. Nr.	Punktdarstellung	D
9,72		4290 $=2 \cdot 3 \cdot 5 \cdot 11 \cdot 13$
9,73		4260 $=2^2 \cdot 3 \cdot 5 \cdot 71$
9,74		4237 $=19 \cdot 223$
9,75		4185 $=3^3 \cdot 5 \cdot 31$
9,76		4170 $=2 \cdot 3 \cdot 5 \cdot 139$
9,77		4140 $=2^2 \cdot 3^2 \cdot 5 \cdot 23$
9,78		4101 $=3 \cdot 1367$
9,79		4059 $=3^2 \cdot 11 \cdot 41$
9,80		4029 $=3 \cdot 17 \cdot 79$
9,81		3996 $=2^2 \cdot 3^3 \cdot 37$
9,82		3996 $=2^2 \cdot 3^3 \cdot 37$
9,83		3975 $=3 \cdot 5^2 \cdot 53$
9,84		3897 $=3^2 \cdot 433$
9,85		3891 $=3 \cdot 1297$
9,86		3888 $=2^4 \cdot 3^5$

Lfde. Nr.	Punktdarstellung	D
9,87	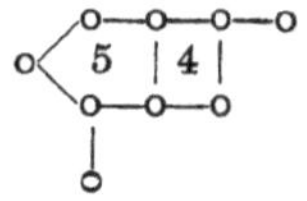	3864 $=2^3\cdot 3\cdot 7\cdot 23$
9,88	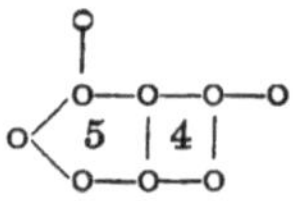	3861 $=3^3\cdot 11\cdot 13$
9,89	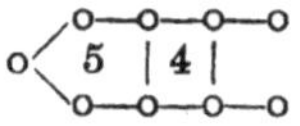	3808 $=2^5\cdot 7\cdot 17$
9,90	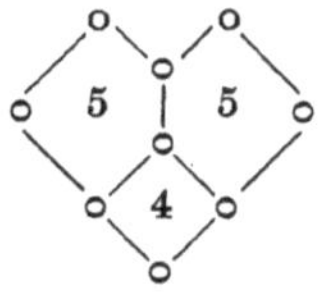	3108 $=2^2\cdot 3\cdot 7\cdot 37$
9,91	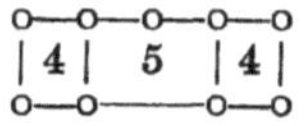	3036 $=2^2\cdot 3\cdot 11\cdot 23$
	$n = 10$	
10,1		17 711 $=89\cdot 199$
10,2	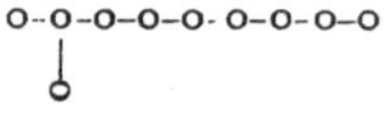	17 334 $=2\cdot 3^4\cdot 107$
10,3		17 279 $=37\cdot 467$
10,4	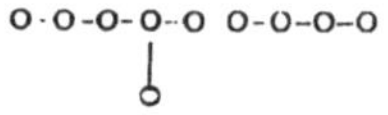	17 271 $=3^2\cdot 19\cdot 101$
10,5		17 270 $=2\cdot 5\cdot 11\cdot 157$
10,6	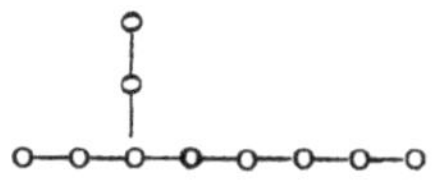	17 216 $=2^6\cdot 269$
10,7	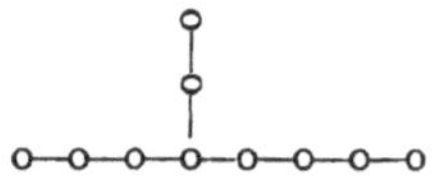	17 207 $=P$
10,8		17 199 $=3^3\cdot 7^2\cdot 13$
10,9	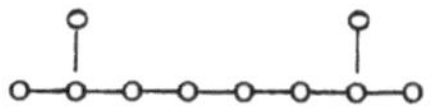	16 965 $=3^2\cdot 5\cdot 13\cdot 29$
10,10	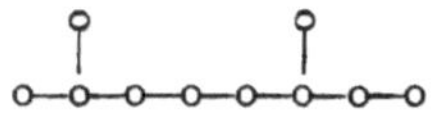	16 911 $=3^2\cdot 1879$
10,11	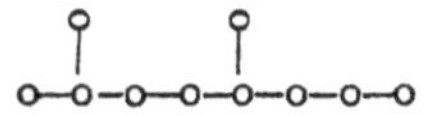	16 902 $=2\cdot 3^3\cdot 313$
10,12	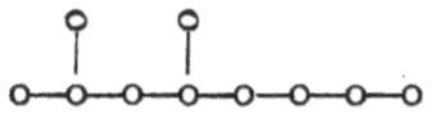	16 893 $=3^2\cdot 1877$
10,13	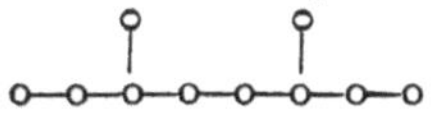	16 856 $=2^3\cdot 7^2\cdot 43$
10,14	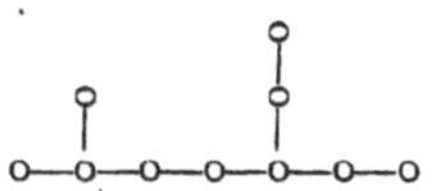	16 848 $=2^4\cdot 3^4\cdot 13$
10,15	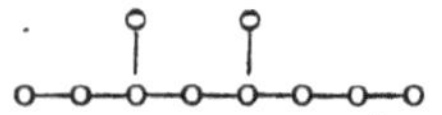	16 839 $=3^2\cdot 1871$
10,16	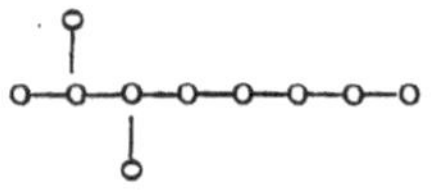	16 839 $=3^2\cdot 1871$
10,17	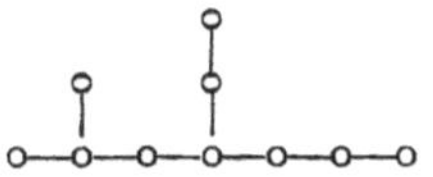	16 830 $=2\cdot 3^2\cdot 5\cdot 11\cdot 17$
10,18	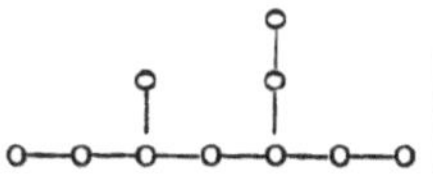	16 784 $=2^4\cdot 1049$
10,19	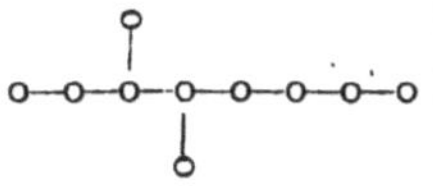	16 775 $=5^2\cdot 11\cdot 61$
10,20	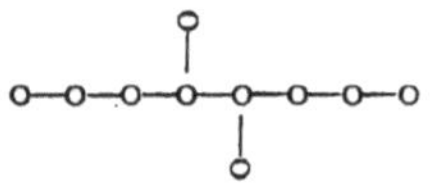	16 767 $=3^6\cdot 23$
10,21	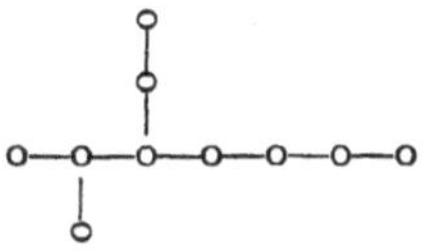	16 767 $=3^6\cdot 23$
10,22	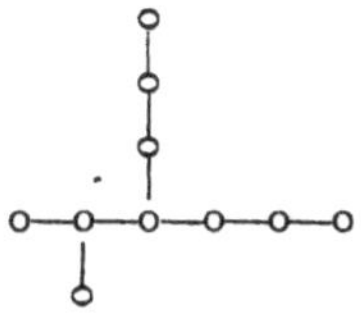	16 758 $=2\cdot 3^2\cdot 7^2\cdot 19$
10,23	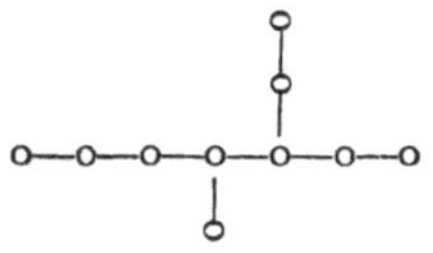	16 704 $=2^6\cdot 3^2\cdot 29$
10,24	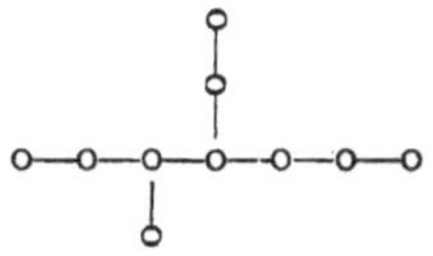	16 703 $=P$
10,25	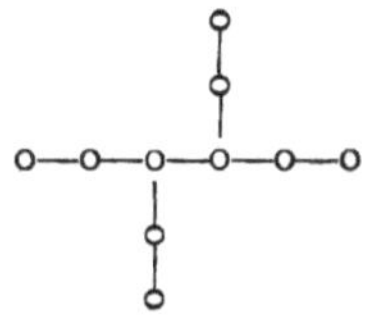	16 640 $=2^8\cdot 5\cdot 13$
10,26	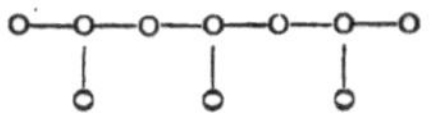	16 524 $=2^2\cdot 3^5\cdot 17$
10,27	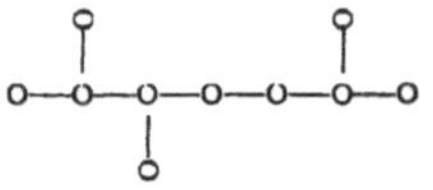	16 479 $=3^2\cdot 1831$
10,28	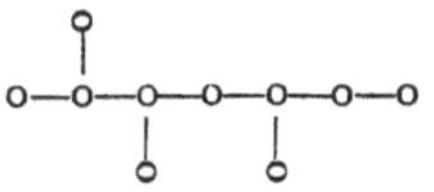	16 416 $=2^5\cdot 3^3\cdot 19$
10,29	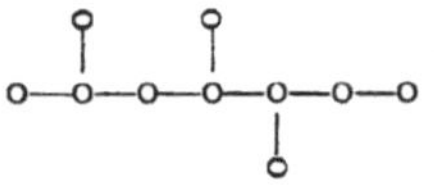	16 407 $=3^2\cdot 1823$
10,30	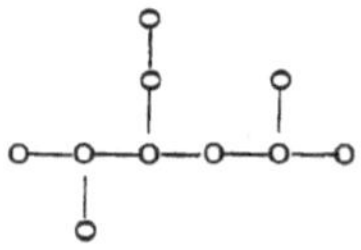	16 398 $=2\cdot 3^2\cdot 911$
10,31	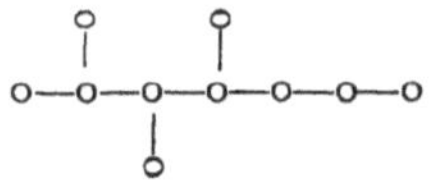	16 335 $=3^3\cdot 5\cdot 11^2$
10,32	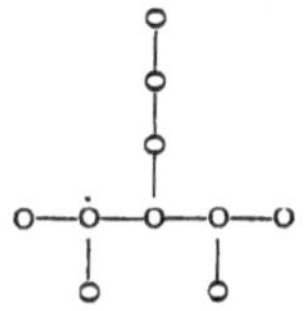	16 317 $=3^2\cdot 7^2\cdot 37$
10,33	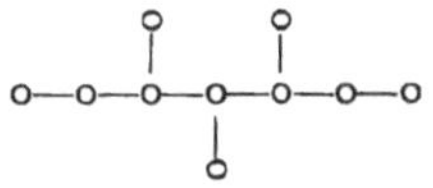	16 280 $=2^3\cdot 5\cdot 11\cdot 37$
10,34	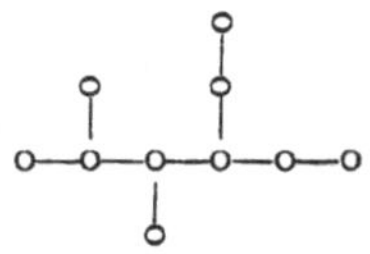	16 272 $=2^4\cdot 3^2\cdot 113$
10,35	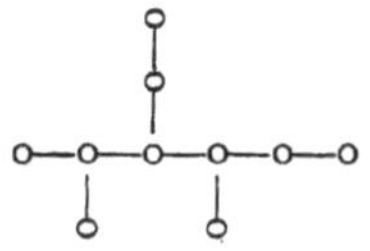	16 263 $=3^2\cdot 13\cdot 139$

Lfde. Nr.	Punktdarstellung	D
10,36		15 912 $=2^3 \cdot 3^2 \cdot 13 \cdot 17$
10,37		15 876 $=2^2 \cdot 3^4 \cdot 7^2$
10,38		15 125 $=5^3 \cdot 11^2$
10,39		14 744 $=2^3 \cdot 19 \cdot 97$
10,40		14 679 $=3^2 \cdot 7 \cdot 233$
10,41		14 645 $=5 \cdot 29 \cdot 101$
10,42		14 576 $=2^4 \cdot 911$
10,43		14 399 $=7 \cdot 11^2 \cdot 17$
10,44		14 364 $=2^2 \cdot 3^3 \cdot 7 \cdot 19$
10,45		14 363 $=53 \cdot 271$
10,46		14 355 $=3^2 \cdot 5 \cdot 11 \cdot 29$
10,47		14 300 $=2^2 \cdot 5^2 \cdot 11 \cdot 13$
10,48		14 279 $=109 \cdot 131$
10,49		14 270 $=2 \cdot 5 \cdot 1427$
10,50		14 268 $=2^2 \cdot 3 \cdot 29 \cdot 41$
10,51		14 256 $=2^4 \cdot 3^4 \cdot 11$
10,52		14 207 $=P$
10,53		14 192 $=2^4 \cdot 887$
10,54		14 184 $=2^3 \cdot 3^2 \cdot 197$
10,55		14 144 $=2^6 \cdot 13 \cdot 17$
10,56		14 144 $=2^6 \cdot 13 \cdot 17$
10,57		14 135 $=5 \cdot 11 \cdot 257$
10,58		14 120 $=2^3 \cdot 5 \cdot 353$
10,59		14 091 $=3 \cdot 7 \cdot 11 \cdot 61$
10,60		14 063 $=7^3 \cdot 41$
10,61		14 036 $=2^2 \cdot 11^2 \cdot 29$
10,62		13 979 $=7 \cdot 1997$
10,63		13 959 $=3^3 \cdot 11 \cdot 47$
10,64		13 950 $=2 \cdot 3^2 \cdot 5^2 \cdot 31$
10,65		13 941 $=3^2 \cdot 1549$
10,66		13 919 $=31 \cdot 449$
10,67		13 916 $=2^2 \cdot 7^2 \cdot 71$
10,68		13 904 $=2^4 \cdot 11 \cdot 79$
10,69		13 904 $=2^4 \cdot 11 \cdot 79$
10,70		13 896 $=2^3 \cdot 3^2 \cdot 193$
10,71		13 847 $=61 \cdot 227$
10,72		13 832 $=2^3 \cdot 7 \cdot 13 \cdot 19$
10,73		13 824 $=2^9 \cdot 3^3$
10,74		13 815 $=3^2 \cdot 5 \cdot 307$
10,75		13 797 $=3^3 \cdot 7 \cdot 73$
10,76		13 751 $=P$
10,77		13 743 $=3^3 \cdot 509$
10,78		13 743 $=3^3 \cdot 509$
10,79		13 742 $=2 \cdot 6871$

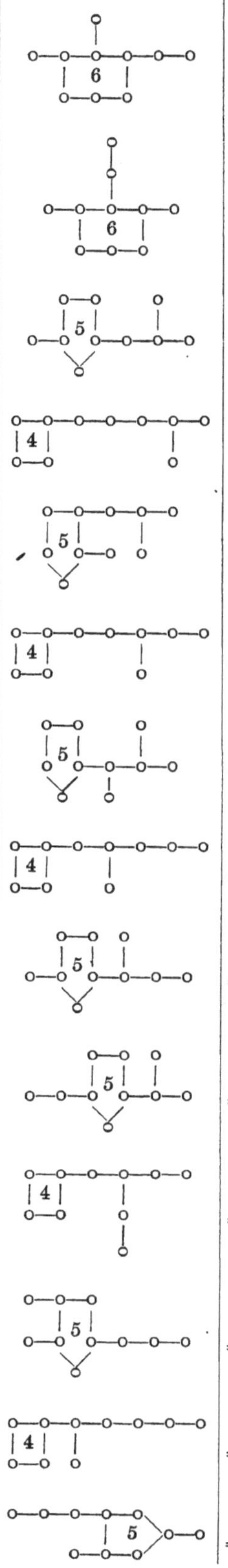

Lfde. Nr.	D
10,80	13 679 $=P$
10,81	13 671 $=3^2 \cdot 7^2 \cdot 31$
10,82	13 671 $=3^2 \cdot 7^2 \cdot 31$
10,83	13 644 $=2^2 \cdot 3^2 \cdot 379$
10,84	13 608 $=2^3 \cdot 3^5 \cdot 7$
10,85	13 599 $=3^2 \cdot 1511$
10,86	13 596 $=2^2 \cdot 3 \cdot 11 \cdot 103$
10,87	13 581 $=3^3 \cdot 503$
10,88	13 556 $=2^2 \cdot 3389$
10,89	13 551 $=3 \cdot 4517$
10,90	13 536 $=2^5 \cdot 3^2 \cdot 47$
10,91	13 500 $=2^2 \cdot 3^3 \cdot 5^3$
10,92	13 500 $=2^2 \cdot 3^3 \cdot 5^3$
10,93	13 491 $=3^2 \cdot 1499$

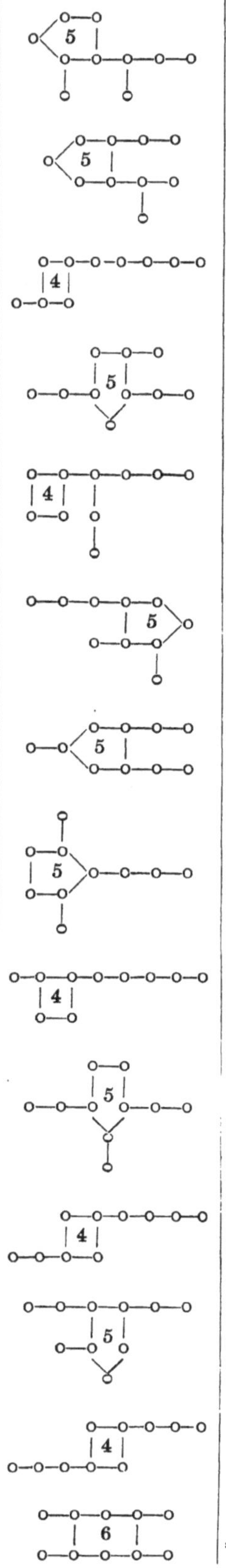

Lfde. Nr.	D
10,94	13 484 $=2^2 \cdot 3371$
10,95	13 470 $=2 \cdot 3 \cdot 5 \cdot 449$
10,96	13 446 $=2 \cdot 3^4 \cdot 83$
10,97	13 439 $=89 \cdot 151$
10,98	13 437 $=3^2 \cdot 1493$
10,99	13 436 $=2^2 \cdot 3359$
10,100	13 430 $=2 \cdot 5 \cdot 17 \cdot 79$
10,101	13 427 $=29 \cdot 463$
10,102	13 391 $=7 \cdot 1913$
10,103	13 376 $=2^6 \cdot 11 \cdot 19$
10,104	13 374 $=2 \cdot 3^2 \cdot 743$
10,105	13 367 $=P$
10,106	13 365 $=3^5 \cdot 5 \cdot 11$
10,107	13 365 $=3^5 \cdot 5 \cdot 11$

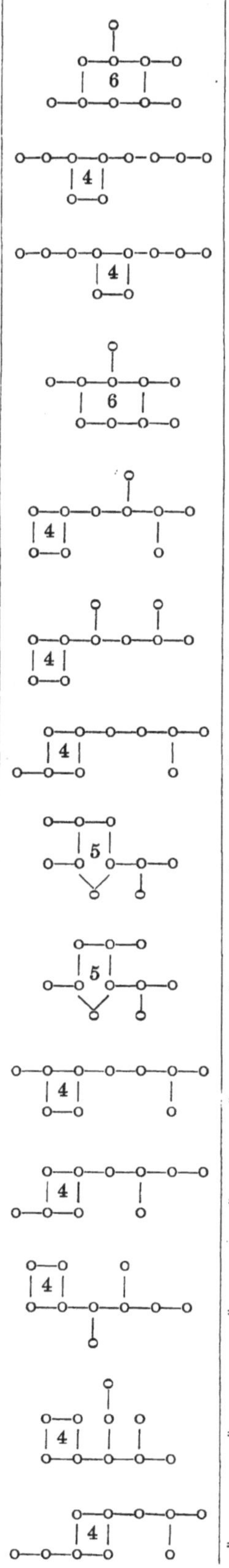

Lfde. Nr.	D
10,108	13 356 $=2^2 \cdot 3^2 \cdot 7 \cdot 53$
10,109	13 311 $=3^3 \cdot 17 \cdot 29$
10,110	13 301 $=47 \cdot 283$
10,111	13 301 $=47 \cdot 283$
10,112	13 239 $=3^2 \cdot 1471$
10,113	13 203 $=3^4 \cdot 163$
10,114	13 158 $=2 \cdot 3^2 \cdot 17 \cdot 43$
10,115	13 140 $=2^2 \cdot 3^2 \cdot 5 \cdot 73$
10,116	13 122 $=2 \cdot 3^8$
10,117	13 104 $=2^4 \cdot 3^2 \cdot 7 \cdot 13$
10,118	13 104 $=2^4 \cdot 3^2 \cdot 7 \cdot 13$
10,119	13 095 $=3^3 \cdot 5 \cdot 97$
10,120	13 077 $=3^2 \cdot 1453$
10,121	13 077 $=3^2 \cdot 1453$

Lfde. Nr.	Punktdarstellung	D
10,122	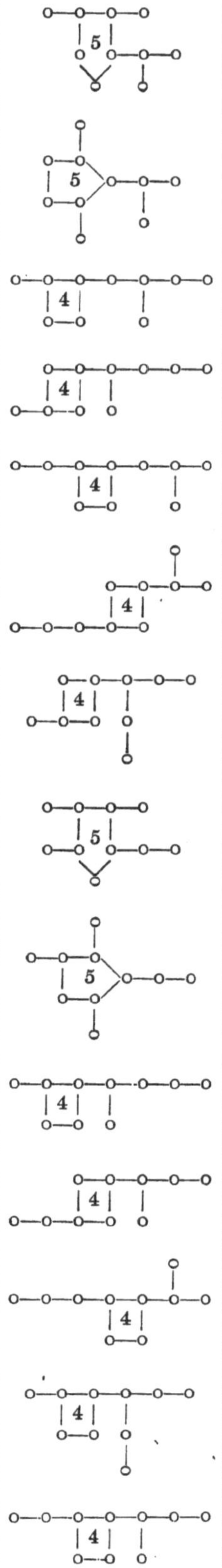	13 068 $=2^2 \cdot 3^3 \cdot 11^2$
10,123		13 050 $=2 \cdot 3^2 \cdot 5^2 \cdot 29$
10,124		13 049 $=P$
10,125		13 014 $=2 \cdot 3^3 \cdot 241$
10,126		13 014 $=2 \cdot 3^3 \cdot 241$
10,127		12 996 $=2^2 \cdot 3^2 \cdot 19^2$
10,128		12 960 $=2^5 \cdot 3^4 \cdot 5$
10,129		12 959 $=P$
10,130		12 951 $=3^2 \cdot 1439$
10,131		12 951 $=3^2 \cdot 1439$
10,132		12 951 $=3^2 \cdot 1439$
10,133		12 924 $=2^2 \cdot 3^2 \cdot 359$
10,134		12 896 $=2^5 \cdot 13 \cdot 31$
10,135		12 879 $=3^5 \cdot 53$
10,136	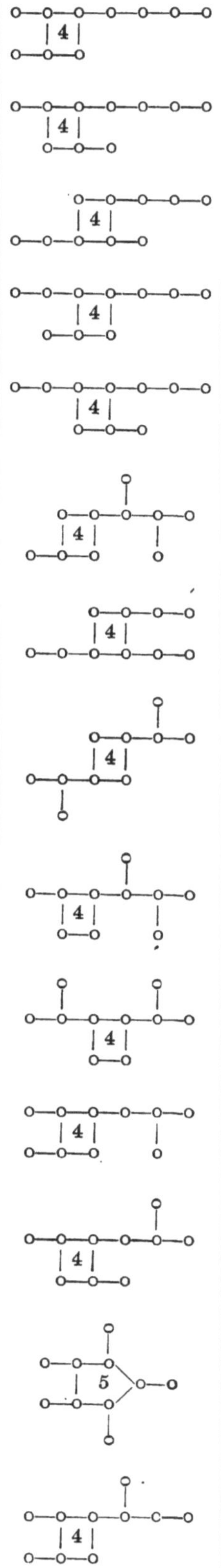	12 824 $=2^3 \cdot 7 \cdot 229$
10,137		12 816 $=2^4 \cdot 3^2 \cdot 89$
10,138		12 743 $=P$
10,139		12 735 $=3^2 \cdot 5 \cdot 283$
10,140		12 734 $=2 \cdot 6367$
10,141		12 672 $=2^7 \cdot 3^2 \cdot 11$
10,142		12 663 $=3^3 \cdot 7 \cdot 67$
10,143		12 636 $=2^2 \cdot 3^5 \cdot 13$
10,144		12 609 $=3^3 \cdot 467$
10,145		12 555 $=3^4 \cdot 5 \cdot 31$
10,146		12 537 $=3^2 \cdot 7 \cdot 199$
10,147		12 528 $=2^4 \cdot 3^3 \cdot 29$
10,148		12 482 $=2 \cdot 79^2$
10,149		12 401 $=P$
10,150	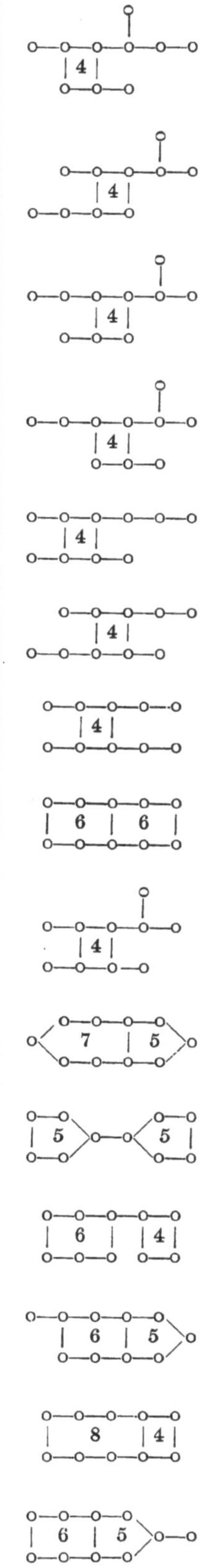	12 384 $=2^5 \cdot 3^2 \cdot 43$
10,151		12 375 $=3^2 \cdot 5^3 \cdot 11$
10,152		12 366 $=2 \cdot 3^3 \cdot 229$
10,153		12 357 $=3^2 \cdot 1373$
10,154		12 176 $=2^4 \cdot 761$
10,155		12 096 $=2^6 \cdot 3^3 \cdot 7$
10,156		12 095 $=5 \cdot 41 \cdot 59$
10,157		11 880 $=2^3 \cdot 3^3 \cdot 5 \cdot 11$
10,158		11 808 $=2^5 \cdot 3^2 \cdot 41$
10,159		11 771 $=79 \cdot 149$
10,160		11 616 $=2^5 \cdot 3 \cdot 11^2$
10,161		11 376 $=2^4 \cdot 3^2 \cdot 79$
10,162		11 375 $=5^3 \cdot 7 \cdot 13$
10,163		11 339 $=17 \cdot 23 \cdot 29$
10,164		11 336 $=2^3 \cdot 13 \cdot 109$

Lfde. Nr.	Punktdarstellung	D
10,165	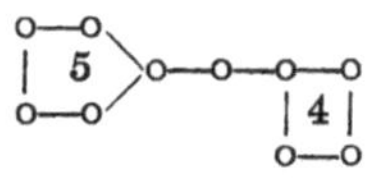	11 319 $=3\cdot7^3\cdot11$
10,166	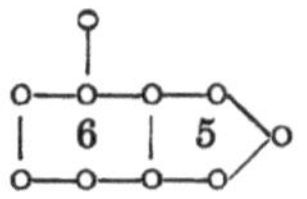	11 306 $=2\cdot5653$
10,167	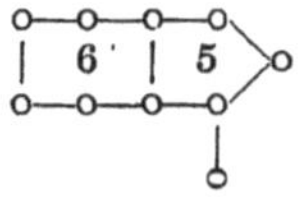	11 279 $=P$
10,168	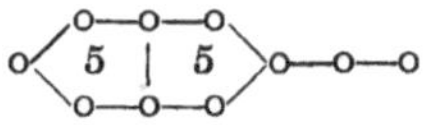	11 100 $=2^2\cdot3\cdot5^2\cdot37$
10,169	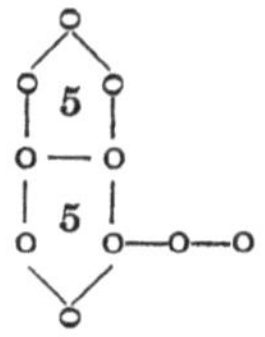	11 031 $=3\cdot3677$
10,170	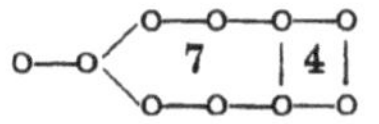	11 016 $=2^3\cdot3^4\cdot17$
10,171	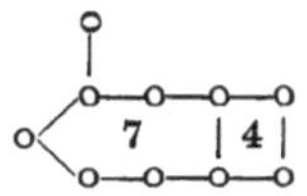	11 006 $=2\cdot5503$
10,172	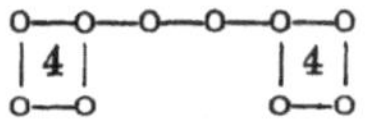	10 971 $=3^2\cdot23\cdot53$
10,173	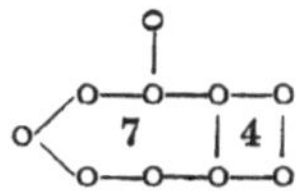	10 926 $=2\cdot3^2\cdot607$
10,174	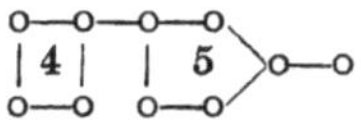	10 899 $=3^2\cdot7\cdot173$
10,175	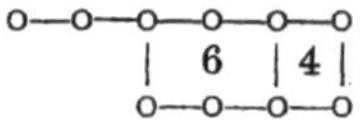	10 871 $=7\cdot1553$
10,176	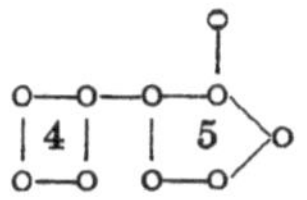	10 836 $=2^2\cdot3^2\cdot7\cdot43$
10,177	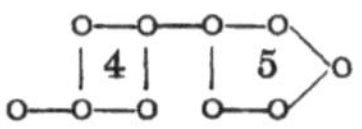	10 824 $=2^3\cdot3\cdot11\cdot41$
10,178	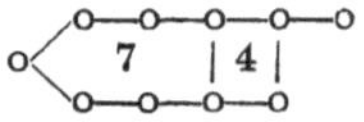	10 814 $=2\cdot5407$
10,179	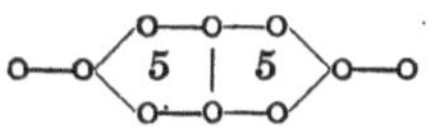	10 800 $=2^4\cdot3^3\cdot5^2$
10,180	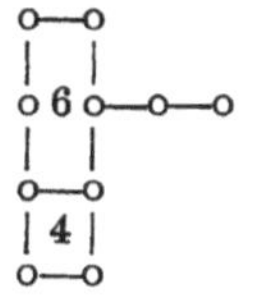	10 781 $=P$
10,181	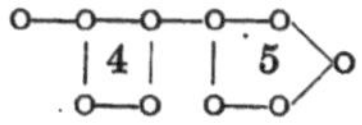	10 769 $=11^2\cdot89$
10,182	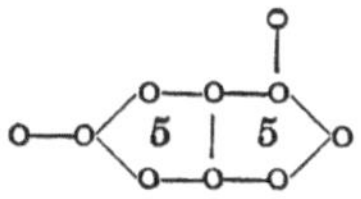	10 739 $=P$
10,183	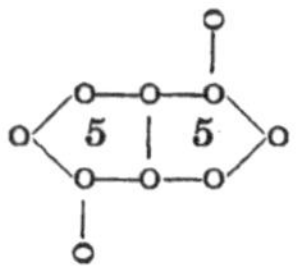	10 679 $=59\cdot181$
10,184	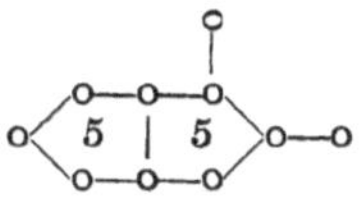	10 679 $=59\cdot181$
10,185	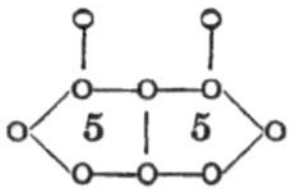	10 670 $=2\cdot5\cdot11\cdot97$
10,186	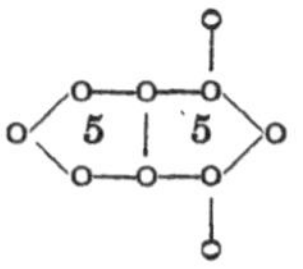	10 665 $=3^3\cdot5\cdot79$
10,187	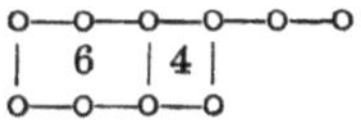	10 664 $=2^3\cdot31\cdot43$
10,188	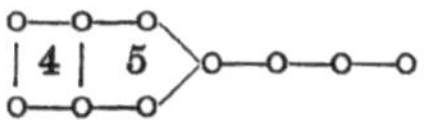	10 619 $=7\cdot37\cdot41$
10,189	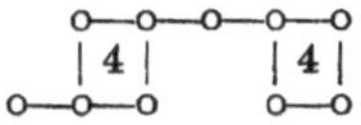	10 566 $=2\cdot3^2\cdot587$
10,190	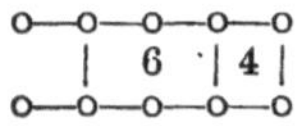	10 556 $=2^2\cdot7\cdot13\cdot29$
10,191	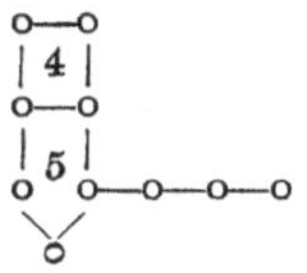	10 539 $=3^2\cdot1171$
10,192	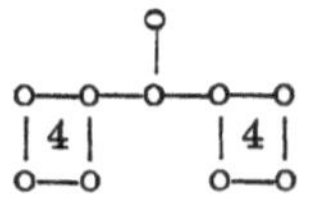	10 530 $=2\cdot3^4\cdot5\cdot13$
10,193	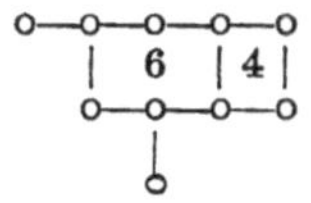	10 521 $=3^2\cdot7\cdot167$
10,194	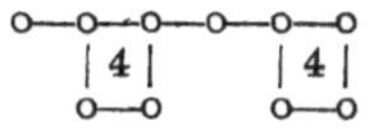	10 521 $=3^2\cdot7\cdot167$
10,195	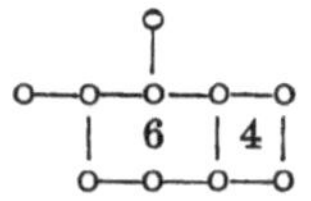	10 476 $=2^2\cdot3^3\cdot97$
10,196	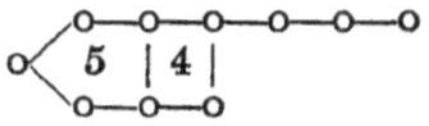	10 451 $=7\cdot1493$
10,197	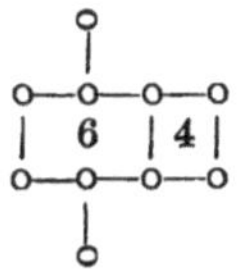	10 449 $=3^5\cdot43$
10,198	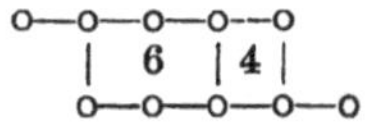	10 431 $=3^2\cdot19\cdot61$
10,199	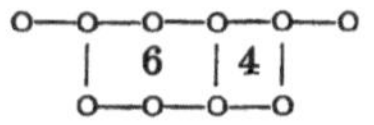	10 430 $=2\cdot5\cdot7\cdot149$
10,200	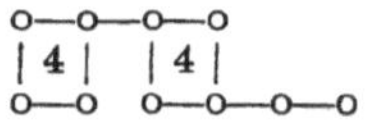	10 404 $=2^2\cdot3^2\cdot17^2$
10,201	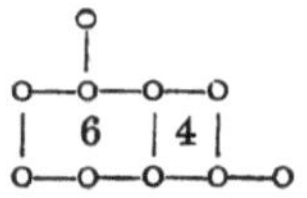	10 349 $=79\cdot131$
10,202	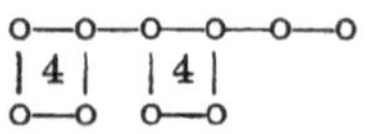	10 341 $=3^3\cdot383$
10,203	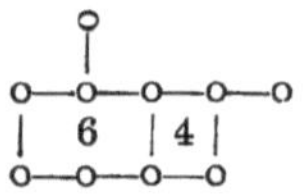	10 341 $=3^3\cdot383$
10,204	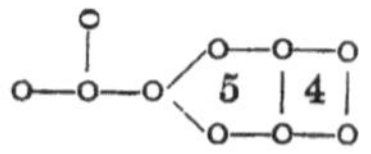	10 332 $=2^2\cdot3^2\cdot7\cdot41$

Lfde. Nr.	Punktdarstellung	D
10,205	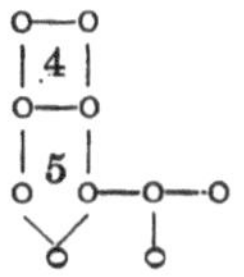	10 242 $=2\cdot3^2\cdot569$
10,206	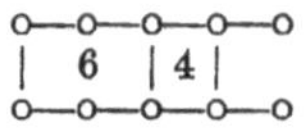	10 175 $=5^2\cdot11\cdot37$
10,207	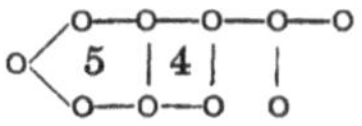	10 143 $=3^2\cdot7^2\cdot23$
10,208	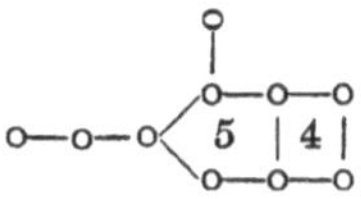	10 143 $=3^2\cdot7^2\cdot23$
10,209	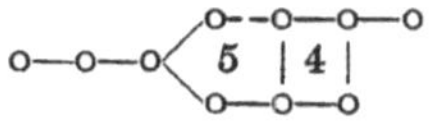	10 136 $=2^3\cdot7\cdot181$
10,210	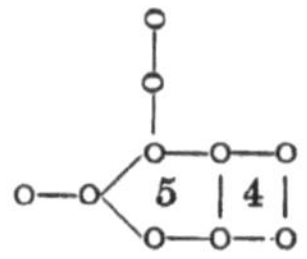	10 133 $=P$
10,211	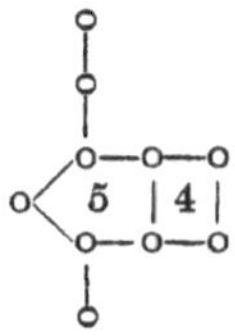	10 116 $=2^2\cdot3^2\cdot281$
10,212	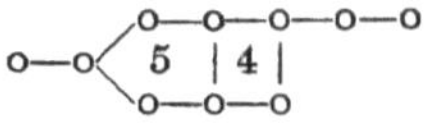	10 115 $=5\cdot7\cdot17^2$
10,213	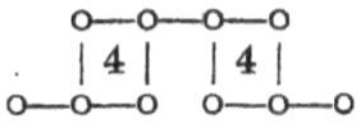	10 080 $=2^5\cdot3^2\cdot5\cdot7$
10,214	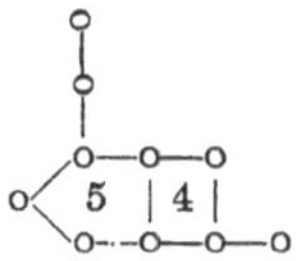	10 055 $=5\cdot2011$
10,215	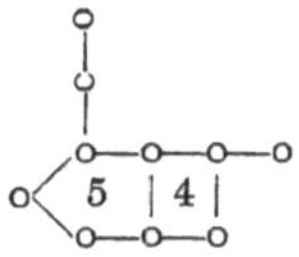	10 046 $=2\cdot5023$
10,216	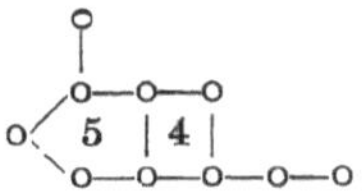	10 044 $=2^2\cdot3^4\cdot31$
10,217	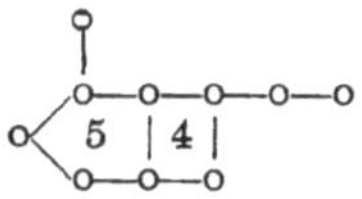	10 035 $=3^2\cdot5\cdot223$
10,218	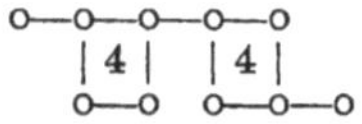	10 026 $=2\cdot3^2\cdot557$
10,219	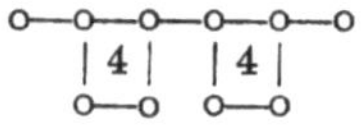	9971 $=13^2\cdot59$
10,220	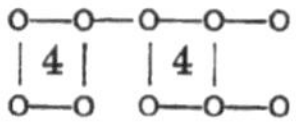	9954 $=2\cdot3^2\cdot7\cdot79$
10,221	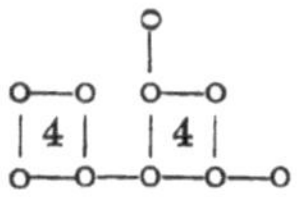	9936 $=2^4\cdot3^3\cdot23$
10,222	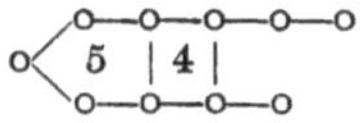	9887 $=P$
10,223	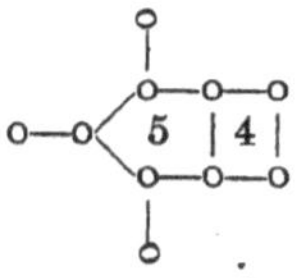	9720 $=2^3\cdot3^5\cdot5$
10,224	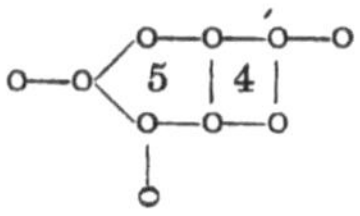	9719 $=P$
10,225	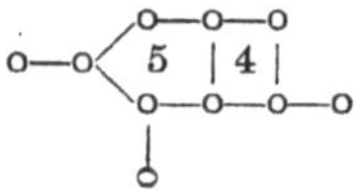	9711 $=3^2\cdot13\cdot83$
10,226	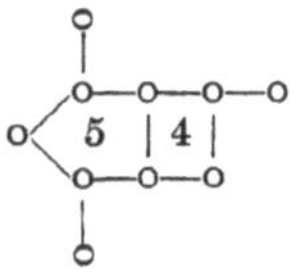	9684 $=2^2\cdot3^2\cdot269$
10,227	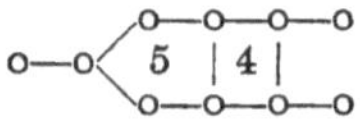	9632 $=2^5\cdot7\cdot43$
10,228	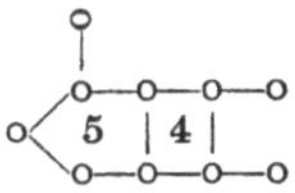	9551 $=P$
10,229	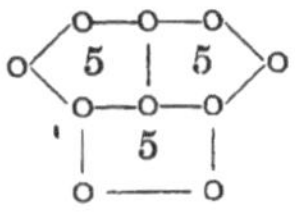	8664 $=2^3\cdot3\cdot19^2$
10,230	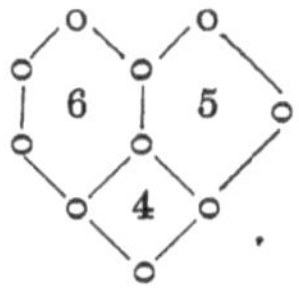	8360 $=2^3\cdot5\cdot11\cdot19$
10,231	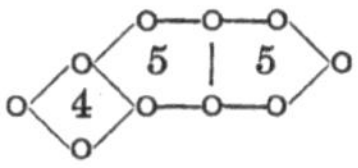	8339 $=31\cdot269$
10,232	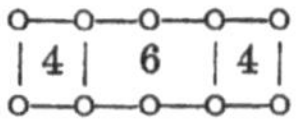	8325 $=3^2\cdot5^2\cdot37$
10,233	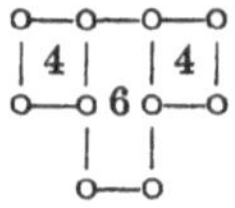	8225 $=5^2\cdot7\cdot47$
10,234	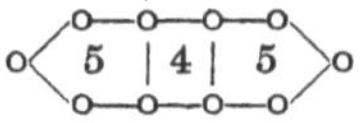	8064 $=2^7\cdot3^2\cdot7$
10,235	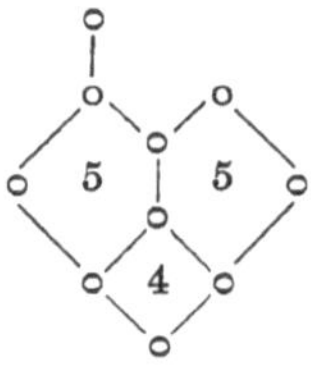	7787 $=13\cdot599$
10,236	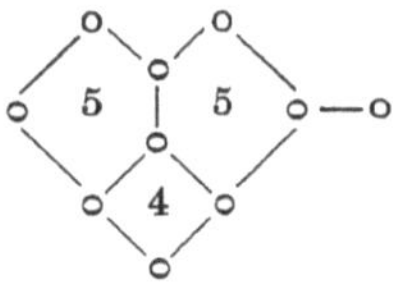	7776 $=2^5\cdot3^5$
10,237	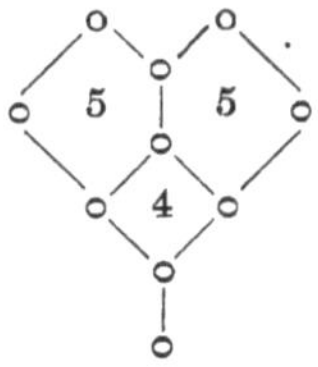	7644 $=2^2\cdot3\cdot7^2\cdot13$
10,238	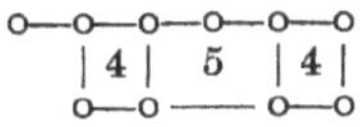	7560 $=2^3\cdot3^3\cdot5\cdot7$
10,239	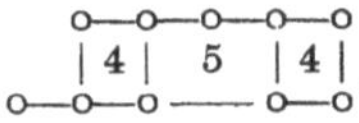	7550 $=2\cdot5^2\cdot151$
10,240	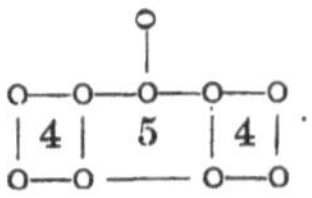	7524 $=2^2\cdot3^2\cdot11\cdot19$

II. Polynome und rekurrente Zahlenreihen in der Ausgleichungsrechnung und Fehlertheorie

1. Polynome

Bekanntlich erfordern verschiedene Probleme der Ausgleichungsrechnung und der Fehlertheorie die „unbestimmte" Auflösung[1]) von Systemen linearer Gleichungen mit ganzzahligen, sich häufig wiederholenden Koeffizienten; die Matrizen dieser Gleichungssysteme weisen meist außerhalb der Hauptdiagonale zahlreiche verschwindende Elemente auf (Gittermatrizen). Die Auflösung solcher Gleichungssysteme geschah bisher überwiegend nach elementaren Methoden, z. B. durch Elimination nach dem Gaussschen Algorithmus, mit Hilfe von Kettenbrüchen oder dergleichen[2]); dabei erwiesen sich in vielen Fällen rekurrente Zahlenreihen als ein nützliches Hilfsmittel zur Abkürzung und übersichtlichen Anordnung der Berechnungen. In einer vor 10 Jahren erschienenen Abhandlung [20] bediente sich jedoch N. E. Nörlund zur Auflösung spezieller Typen solcher Gleichungssysteme, die bei der Ausgleichung gruppenweise angeordneter Beobachtungen auftreten, einer funktionentheoretischen Behandlungsweise, unter Anwendung der Theorie der Differenzengleichungen; im Anschluß an diese Untersuchungen wies ich in [12] daraufhin, daß einige Parallelen zur geodätischen Netzausgleichung bestehen. In diesem Zusammenhange sind gewisse, von N. E. Nörlund definierte ganze Funktionen einer Unbekannten (Polynome) von besonderem Interesse; diese — stets normierten[3]) — Polynome hängen ab von den beiden ganzzahligen Parametern n (Anzahl der Beobachtungsgruppen) und r (Anzahl der Beobachtungen in jeder Gruppe) und haben für alle Werte von n und r ganzzahlige Koeffizienten. Nörlunds Definition lautet:

$$\varphi_{n,r}(x) = \prod_{\nu=1}^{n-1} \left(x - \frac{\sin \frac{r\nu\pi}{n}}{\sin \frac{\nu\pi}{n}} \right) \tag{B, 4}$$

$$\psi_{n,r}(x) = \prod_{\nu=1}^{n-1} \left(x^2 - \frac{\sin^2 \frac{r\nu\pi}{n}}{\sin^2 \frac{\nu\pi}{n}} \right) = (-1)^{n-1} \varphi_{n,r}(x)\, \varphi_{n,r}(-x) \tag{B, 5}$$

wobei Nörlund auf Grund der zu lösenden Aufgabe $n \geqq r$ voraussetzt. In [12] zeigte ich unter anderem, daß sich das Polynom $\varphi_{n,r}(x)$ für beliebige ganzzahlige Parameter n und r in mindestens zwei Teilerpolynome $u_{n,r}(x)$ und $v_{n,r}(x)$ mit ganzzahligen reellen Koeffizienten zerlegen läßt, und daß hierbei die geraden Werte des Produkt-Index ν von den ungeraden Werten getrennt werden. Somit definiert man diese Teiler-Polynome wohl am zweckmäßigsten wie folgt[4]):

für ungerade Werte von n:

$$u_{n,r}(x) = \prod_{\nu=1,3,5..}^{n-2} \left(x - \frac{\sin \frac{r\nu\pi}{n}}{\sin \frac{\nu\pi}{n}} \right) \qquad v_{n,r}(x) = \prod_{\nu=2,4,6..}^{n-1} \left(x - \frac{\sin \frac{r\nu\pi}{n}}{\sin \frac{\nu\pi}{n}} \right) \tag{B, 6}$$

für gerade Werte von n:

$$u_{n,r}(x) = \prod_{\nu=2,4,6..}^{n-2} \left(x - \frac{\sin \frac{r\nu\pi}{n}}{\sin \frac{\nu\pi}{n}} \right) \qquad v_{n,r}(x) = \prod_{\nu=1,3,5..}^{n-1} \left(x - \frac{\sin \frac{r\nu\pi}{n}}{\sin \frac{\nu\pi}{n}} \right) \tag{B, 7}$$

Rein mathematisch macht es keine Schwierigkeiten, den Fall $n < r$ mit einzuschließen.

Die Polynome φ, ψ, u, v haben viele für ihre Berechnung nützliche Eigenschaften, die zum Teil von der Theorie der rekurrenten Zahlenreihen her wohlbekannt sind und meist unmittelbar aus

---

[1]) Das heißt: Auflösung bei unbestimmt gelassenen Absolutgliedern. [2]) Vgl. z. B. [7] [8] [10] [11].

[3]) Wie üblich heiße ein Polynom n-ten Grades normiert, wenn der Koeffizient des Gliedes x^n gleich $+1$ ist.

[4]) Die unbequeme Unterscheidung zwischen geraden und ungeraden Werten von n ist unvermeidlich, allein schon wegen der Wahrung des Zusammenhanges mit den rekurrenten Zahlenreihen.

der Definition dieser Polynome folgen. Ich führe kurz diejenigen Eigenschaften an, die für die Anwendung in der Ausgleichungsrechnung und Fehlertheorie von Wichtigkeit sind.

Für alle Werte von n und r ist

(B, 8) $$u_{2n.r}(x) = \varphi_{n.r}(x) = u_{n.r}(x) \cdot v_{n.r}(x)$$

Ferner gilt

(B, 9) $$u_{n.r}(x) = v_{n.r}(x), \quad \text{falls } n \text{ und } r \text{ ungerade sind}$$

(B, 10) $$v_{n.r}(x) = (-1)^{\frac{n-1}{2}} \cdot u_{n.r}(-x), \quad \text{falls } n \text{ ungerade, } r \text{ gerade ist}$$

(B, 11) $$u_{n.r}(x) = (-1)^{\varepsilon} \cdot u_{n.n-r}((-1)^{n-1}x) \qquad \varepsilon = \begin{cases} 0 \text{ für ungerades } n \\ \frac{n}{2} - 1 \text{ für gerades } n \end{cases}$$

(B, 12) $$v_{n.r}(x) = (-1)^{\delta} \cdot v_{n.n-r}((-1)^{n}x) \qquad \delta = \begin{cases} 0 \text{ für gerades } n \\ \frac{n-1}{2} \text{ für ungerades } n \end{cases}$$

(B, 13) $$\varphi_{n.r}(x) = (-1)^{n-1}\,\varphi_{n.r}(-x), \quad \text{falls } r \text{ gerade ist}$$

Formel (B, 8) folgt fast unmittelbar aus (B, 7). Die Ableitung der Formeln (B, 9) und (B, 10) aus den Definitionsformeln (B, 6) und (B, 7) findet man in meiner Abhandlung [12], S. 91/92. Die Formeln (B, 11), (B, 12), (B, 13) sind ebenfalls leicht aus (B, 6) und (B, 7) abzuleiten, was wohl keiner näheren Erläuterung bedarf.

Der Grad g_u bzw. g_v der Polynome $u_{n.r}(x)$ bzw. $v_{n.r}(x)$ ist gemäß den Definitionsformeln (B, 6) und (B, 7)

für ungerade Werte von n:

(B, 14) $$g_u = g_v = \frac{n-1}{2}$$

für gerade Werte von n:

(B, 15) $$g_u = \frac{n}{2} - 1 \qquad g_v = \frac{n}{2}$$

Unter Benutzung des bekannten Klammer-Symbols[1]) kann man einfacher schreiben:

(B, 16) $$g_u = \left[\frac{n-1}{2}\right] \qquad g_v = \left[\frac{n}{2}\right]$$

Es ist also stets $g_u \leqq g_v$ und $g_u + g_v = g_\varphi = n - 1$.

Aus (B, 14) und (B, 15) folgt, daß der Grad der Polynome $u_{n.r}(x)$ und $v_{n.r}(x)$ — außer für einige triviale Anfangswerte von n — stets $\geqq 1$ ist.

Besteht zwischen den drei ganzen Funktionen (Polynomen) $f(x)$, $g(x)$, $h(x)$ die Beziehung

$$f(x) = g(x) \cdot h(x)$$

und haben alle drei Polynome rationale Koeffizienten, so sagen wir wie üblich: Das Polynom $f(x)$ ist im Körper der rationalen Zahlen[2]) durch $g(x)$ und $h(x)$ ohne Rest teilbar. Ein bekannter Satz von Gauss besagt in diesem Falle: Ist $f(x)$ in zwei Faktoren $g(x)$ und $h(x)$ mit rationalen gebrochenen Koeffizienten zerlegbar, so ist $f(x)$ auch in zwei Faktoren mit rationalen ganzzahligen Koeffizienten zerlegbar[3]).

Nach dieser Vorbemerkung erwähne ich die ebenfalls aus den Definitionsformeln (B, 6) und (B, 7) folgende

Regel für die Teilbarkeit der Polynome $\varphi_{n.r}(x)$, $u_{n.r}(x)$, $v_{n.r}(x)$.

Ist m ein Teiler von n, so ist $\varphi_{n.r}(x)$ durch $\varphi_{m.r}(x)$ und $u_{n.r}(x)$ durch $u_{m.r}(x)$ im Körper der rationalen Zahlen ohne Rest teilbar; ist außerdem der Quotient $\frac{n}{m}$ eine ungerade Zahl, so ist auch $v_{n.r}(x)$ durch $v_{m.r}(x)$ innerhalb des gleichen Körpers ohne Rest teilbar.

---

[1]) Unter $[a]$ versteht man die größte ganze Zahl, die nicht größer ist als a.

[2]) Der Körper der rationalen Zahlen heißt auch „absoluter Rationalitätsbereich". [3]) Vgl. [21], S. 61.

Für die Ausgleichung geodätischer Netze und die darin stattfindende Fehlerfortpflanzung sind in erster Linie die Fälle mit $r = 2$, also die Polynome $\varphi_{n.2}(x)$, $u_{n.2}(x)$, $v_{n.2}(x)$ von Interesse; der tiefere Grund hierfür liegt darin, daß irgendein Winkel des betreffenden Netzes stets die Differenz von genau zwei gemessenen Richtungen ist.

Für manche Zwecke ist eine andere Definition der Polynome $\varphi_{n.2}(x)$, $u_{2n.2}(x)$ und der Polynome $v_{2n.2}(x)$ von Nutzen, die von den Arbeiten von E. LUCAS her bekannt ist und in letzter Zeit von K. REICHENEDER[1]) ausführlich behandelt wurde.

Nennt man nämlich α und β die beiden Wurzeln der quadratischen Gleichung

(B, 17) $$z^2 - xz + 1 = 0 \quad \text{mit}$$

(B, 18) $$\delta = \sqrt{x^2 - 4}, \qquad \alpha = \frac{x+\delta}{2}, \qquad \beta = \frac{x-\delta}{2} \quad \text{und}$$

(B, 19) $$\alpha + \beta = x, \qquad \alpha - \beta = \delta, \qquad \alpha\beta = 1,$$

so ist

(B, 20) $$\varphi_{n.2}(x) = \frac{\alpha^n - \beta^n}{\alpha - \beta} = u_{2n.2}(x)$$

(B, 21) $$v_{2n.2}(x) = \alpha^n + \beta^n = \frac{\alpha^{2n} - \beta^{2n}}{\alpha^n - \beta^n} = \frac{\varphi_{2n.2}(x)}{\varphi_{n.2}(x)}$$

Den Zusammenhang mit den Bezeichnungen von REICHENEDER liefern die Beziehungen

$$U_i = u_{2i.2}(x) = \varphi_{i.2}(x); \qquad V_i = v_{2i.2}(x)$$

In K. REICHENEDERS Behandlung treten also von unseren Polynomen $u_{n.2}(x)$ und $v_{n.2}(x)$ nur diejenigen geraden Ranges auf.

Die Gleichung (B, 17) oder die von LUCAS benutzte allgemeinere

(B, 22) $$z^2 - xz + y = 0$$

wird in der Theorie der rekurrenten Zahlenreihen als die „Skala der Rekursion" bezeichnet. Damit gewinnt man den Ausblick auf rekurrente Zahlenreihen oder „rekurrente Polynomreihen" höherer Ordnung[2]) und auf solche, bei denen die Skala der Rekursion keine feste ist.

K. REICHENEDER hat für die Funktionen U_i und V_i eine Reihe von Identitäten und Differentialformeln abgeleitet; entsprechende Formeln könnte man aufstellen, falls auch die Polynome $u_{n.r}(x)$ und $v_{n.r}(x)$ ungeraden Ranges miterfaßt werden sollen.

Die Polynome $\varphi_{n.2}(x)$ sind identisch mit den aus der Goniometrie bekannten Polynomen, die die Entwicklung von $\frac{\sin n\Theta}{\sin \Theta}$ nach Potenzen von $x = 2\cos\Theta$ darstellen, beginnend mit

(B, 23)
$$\begin{aligned}
\varphi_{0.2}(x) &= 0 &&= 0 &&\times 2\\
\varphi_{1.2}(x) &= 1 &&= 1 &&\times 1\\
\varphi_{2.2}(x) &= x &&= 1 &&\times x\\
\varphi_{3.2}(x) &= x^2 - 1 &&= (x-1) &&\times (x+1)\\
\varphi_{4.2}(x) &= x^3 - 2x &&= x &&\times (x^2-2)\\
\varphi_{5.2}(x) &= x^4 - 3x^2 + 1 &&= (x^2 - x - 1) &&\times (x^2 + x - 1)\\
\varphi_{6.2}(x) &= x^5 - 4x^3 + 3x &&= (x^2 - 1) &&\times (x^3 - 3x)\\
\varphi_{7.2}(x) &= x^6 - 5x^4 + 6x^2 - 1 &&= (x^3 - x^2 - 2x + 1) &&\times (x^3 + x^2 - 2x - 1)\\
\varphi_{8.2}(x) &= x^7 - 6x^5 + 10x^3 - 4x &&= (x^3 - 2x) &&\times (x^4 - 4x^2 + 2)\\
\varphi_{9.2}(x) &= x^8 - 7x^6 + 15x^4 - 10x^2 + 1 &&= (x^4 - x^3 - 3x^2 + 2x + 1) &&\times (x^4 + x^3 - 3x^2 - 2x + 1)
\end{aligned}$$

Die rechts von dem zweiten Gleichheitszeichen in jeder Linie stehenden Teiler von $\varphi_{n.2}(x)$ sind die Anfangswerte der Polynome $u_{n.2}(x)$ und $v_{n.2}(x)$, wobei das als Malzeichen dienende liegende Kreuz die Trennung zwischen $u_{n.2}(x)$ und $v_{n.2}(x)$ bezeichnet.

---

[1]) Vgl. [22], V, 2, S. 30 ff. [2]) Das heißt rekurrente Reihen, bei denen die Skala der Rekursion eine Gleichung von höherem als dem zweiten Grade ist.

Zur Berechnung der Polynome $\varphi_{n.2}(x)$, $u_{n.2}(x)$, $v_{n.2}(x)$ kann man Reihenentwickelungen nach Potenzen von x, den unter A, VI angegebenen Zusammenhang mit den Hyperbelfunktionen, Darstellungen als Kontinuanten und deren Punktdarstellung, die Bestimmung als Näherungszähler oder Näherungsnenner von Kettenbrüchen oder, was im Grunde genommen auf dasselbe hinauskommt, Rekursionsformeln benutzen. Die meisten Formeln bzw. Darstellungen dieser Art habe ich in [12] teils aus der mathematischen Literatur zitiert, teils neu angegeben. Der Vollständigkeit halber seien sie hier nochmals kurz angeführt.

Für die praktische Berechnung der Polynome $\varphi_{n.2}(x)$, $u_{n.2}(x)$, $v_{n.2}(x)$ dürften im allgemeinen die Rekursionsformeln am geeignetsten sein, es sei denn, daß man nur einzelne Polynome zu bestimmen wünscht; in diesem Falle sollte die Benutzung der Reihenentwickelungen am schnellsten zum Ziele führen.

a) Reihenentwickelungen der Polynome $\varphi_{n.2}(x)$, $u_{n.2}(x)$, $v_{n.2}(x)$ nach Potenzen von x

(B, 24) $$u_{2n.2}(x) = \varphi_{n.2}(x) = \sum_{s=0}^{\left[\frac{n-1}{2}\right]} (-1)^s \binom{n-s-1}{s} x^{n-2s-1}$$

(B, 25) $$v_{2n.2}(x) = \sum_{s=0}^{\left[\frac{n}{2}\right]} (-1)^s \frac{n}{n-s} \binom{n-s}{s} x^{n-2s}$$

(B, 26) $$u_{2n+1.2}(x) = \sum_{s=0}^{n} (-1)^{\left[\frac{s+1}{2}\right]} \binom{n-\left[\frac{s+1}{2}\right]}{\left[\frac{s}{2}\right]} x^{n-s}$$

(B, 27) $$v_{2n+1.2}(x) = \sum_{s=0}^{n} (-1)^{\left[\frac{s}{2}\right]} \binom{n-\left[\frac{s+1}{2}\right]}{\left[\frac{s}{2}\right]} x^{n-s}$$

Formel (B, 27) z. B. lautet ausgeführt wie folgt:

(B, 28) $$v_{2n+1.2}(x) = x^n + x^{n-1} - \binom{n-1}{1} x^{n-2} - \binom{n-2}{1} x^{n-3} + \binom{n-2}{2} x^{n-4} + \binom{n-3}{2} x^{n-5} - \ldots$$

b) Punktdarstellung der Polynome $\varphi_{n.2}(x)$, $u_{n.2}(x)$, $v_{n.2}(x)$

Jeder Determinanten-Darstellung irgendeines Polynoms entspricht natürlich auch eine Punktdarstellung. Daher kann man einfach sagen:

Die Punktdarstellung des Polynoms $\varphi_{n.2}(x)$ ist eine einfache Punktkette aus $n-1$ Punkten mit dem für alle Punkte geltenden Einzelpunktwert x und dem festen Verbindungswert -1 (vgl. Abb. B, 2).

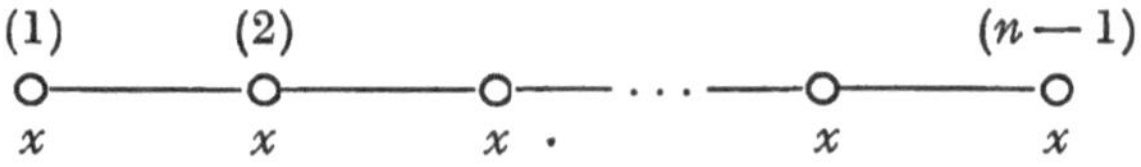

Abb. B, 2. Punktdarstellung des Polynoms $\varphi_{n.2}(x)$

Die Punktdarstellung gemäß Abb. B, 2 zerfällt, wie ich in [12] näher auseinandersetzte[1]), infolge ihrer durch Umbiegen stets deutlich in Erscheinung tretenden Symmetrie in die beiden getrennten Punktdarstellungen gemäß

Abb. B, 3, wenn n ungerade ist, Abb. B, 4, wenn n gerade ist.

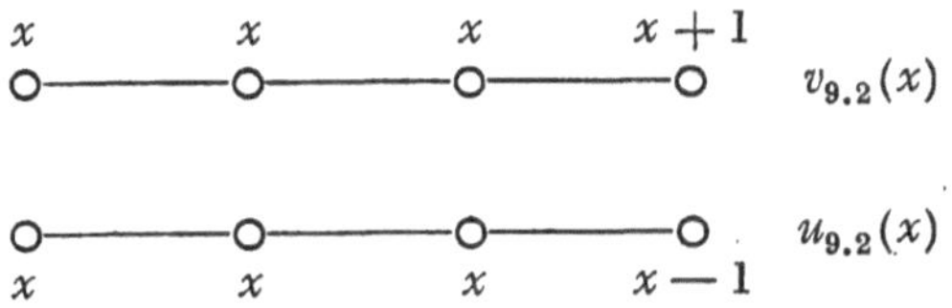

Abb. B, 3. Punktdarstellung der Polynome $u_{n.2}(x)$ und $v_{n.2}(x)$ für ungerades n

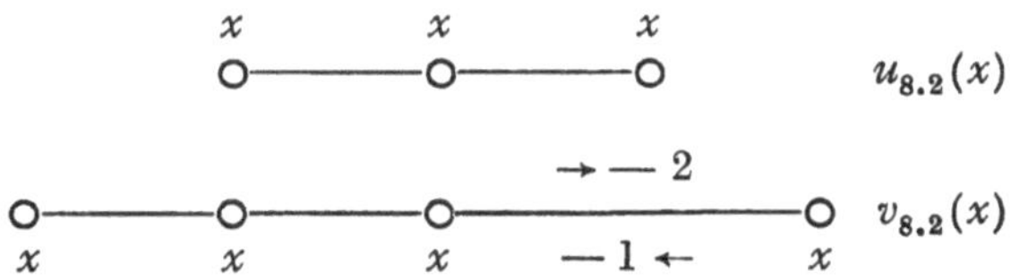

Abb. B, 4. Punktdarstellung der Polynome $u_{n.2}(x)$ und $v_{n.2}(x)$ für gerades n

[1]) S. 83.

Die Anzahl der Punkte dieser Punktdarstellungen ist natürlich stets gleich dem Grade des betreffenden Polynoms; alle Verbindungswerte sind gleich -1, soweit nicht ausdrücklich, wie z. B. bei der Punktdarstellung von $v_{8.2}(x)$, Abb. B, 4, anders angegeben.

c) Darstellung der Polynome $\varphi_{n.2}(x)$, $u_{n.2}(x)$, $v_{n.2}(x)$ als Kontinuanten

(B, 29)
$$u_{2n.2}(x) = \begin{vmatrix} x & -1 & & \\ -1 & x & -1 & \\ & -1 & x & -1 \\ & & \ddots & \end{vmatrix} = \varphi_{n.2}(x)$$
$n-1$ Zeilen (und Spalten)

(B, 30)
$$v_{2n.2}(x) = \begin{vmatrix} x & -1 & & & & \\ -2 & x & -1 & & & \\ & -1 & x & -1 & & \\ & & & \ddots & & \\ & & & -1 & x & -1 \\ & & & & -1 & x \end{vmatrix}$$
n Zeilen [1]) (und Spalten)

(B, 31)
$$u_{2n+1.2}(x) = \begin{vmatrix} x-1 & -1 & & & & \\ -1 & x & -1 & & & \\ & -1 & x & -1 & & \\ & & & \ddots & & \\ & & & -1 & x & -1 \\ & & & & -1 & x \end{vmatrix}$$
n Zeilen (und Spalten)

(B, 32)
$$v_{2n+1.2}(x) = \begin{vmatrix} x+1 & -1 & & & & \\ -1 & x & -1 & & & \\ & -1 & x & -1 & & \\ & & & \ddots & & \\ & & & -1 & x & -1 \\ & & & & -1 & x \end{vmatrix}$$
n Zeilen (und Spalten)

d) Rekursionsformeln für die Polynome $\varphi_{n.2}(x)$, $u_{n.2}(x)$, $v_{n.2}(x)$

$$n = 1, 2, 3, 4, \ldots \infty$$

(B, 33) $\varphi_{n+1.2}(x) = x \cdot \varphi_{n.2}(x) - \varphi_{n-1.2}(x)$; $\varphi_{0.2}(x) = 0$; $\varphi_{1.2}(x) = 1$

(B, 34) $u_{n+2.2}(x) = x \cdot u_{n.2}(x) - u_{n-2.2}(x)$; $u_{-1.2}(x) = 1$; $u_{0.2}(x) = 0$
$u_{1.2}(x) = 1$; $u_{2.2}(x) = 1$

(B, 35) $v_{n+2.2}(x) = x \cdot v_{n.2}(x) - v_{n-2.2}(x)$; $v_{-1.2}(x) = -1$; $v_{0.2}(x) = 2$
$v_{1.2}(x) = 1$; $v_{2.2}(x) = x$

Eine Tabelle der Polynome $u_{2n.2}(x) = \varphi_{n.2}(x)$ und $v_{2n.2}(x)$ für $n = 0$ bis 16 findet man in [22], S. 28.

N. E. NÖRLUND gibt in [20] die Polynome $\varphi_{n.r}(x)$ für $r = 2$ bis 5 und bis zu $n = 12$ an (ohne $n = 11$) [2]). Weitere spezielle Werte der Polynome $\varphi_{n.r}(x)$, $u_{n.r}(x)$ und $v_{n.r}(x)$ sind in meiner Abhandlung [12], § 3, angeführt. Eine einfache Determinantendarstellung für die Polynome $\varphi_{n.r}(x)$, wenn r ungerade ist, und für die Polynome $\psi_{n.r}(x)$ bei beliebigen Zahlen n und r findet man ebenfalls in [20] [3]).

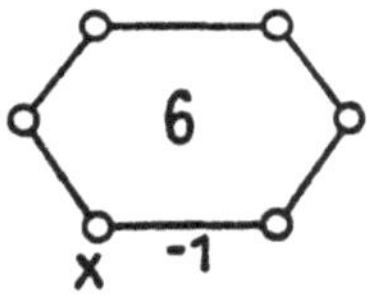

Abb. B, 5. Sechsecksmasche

Eine gewisse Bedeutung für die geodätische Netzausgleichung hat noch der Fall $n = 3$. Betrachtet man nämlich eine Einzelmasche von n Punkten mit dem zu jedem einzelnen Punkt gehörigen, aber an sich veränderlichen Einzelpunktwert x und dem festen Verbindungswert -1 (vgl. etwa Abb. B, 5 mit $n = 6$) und bezeichnet die zugehörige Determinante oder den Gesamtpunktwert mit $\Delta_n(x)$, so ergibt sich aus N. E. NÖRLUNDS Determinantendarstellung der Polynome $\varphi_{n.r}(x)$ für ungerades r leicht die Beziehung

(B, 36)
$$\Delta_n(x-1) = (x-3)\,\varphi_{n.3}(x)$$

---

[1]) In [12], vorletzte Zeile von Formel (29 b), ersetze -2 durch -1. [2]) S. 333/334. [3]) S. 334/335.

Die Polynome $\Delta_n(x)$ kann man aus den Polynomen $\varphi_{n.2}(x)$ erhalten mit Hilfe der leicht abzuleitenden Identität

(B, 37) $$\Delta_n(x) = \varphi_{n+1.2}(x) - \varphi_{n-1.2}(x) - 2$$

Ferner gilt die Rekursionsformel

(B, 38) $$\Delta_{n+1}(x) = x \cdot \Delta_n(x) - \Delta_{n-1}(x) + 2x - 4$$

Die Anfangswerte von $\Delta_n(x)$ sind

(B, 39) $$\begin{aligned}
\Delta_3(x) &= x^3 - 3x - 2 &&= (x-2)(x+1)^2 \\
\Delta_4(x) &= x^4 - 4x^2 &&= (x-2)(x+2)x^2 \\
\Delta_5(x) &= x^5 - 5x^3 + 5x - 2 &&= (x-2)(x^2+x-1)^2 \\
\Delta_6(x) &= x^6 - 6x^4 + 9x^2 - 4 &&= (x-2)(x-1)^2(x+1)^2(x+2) \\
\Delta_7(x) &= x^7 - 7x^5 + 14x^3 - 7x - 2 &&= (x-2)(x^3+x^2-2x-1)^2 \\
\Delta_8(x) &= x^8 - 8x^6 + 20x^4 - 16x^2 &&= (x-2)(x+2)x^2(x^2-2)^2
\end{aligned}$$

Ein Vergleich mit der Formelgruppe (B, 23) zeigt, daß die — leicht beweisbare — Identität besteht

(B, 40) $$\Delta_n(x) = v_{2n.2}(x) - 2$$

Mit der Tabelle der V_i bei REICHENEDER[1]) ist daher durch jeweilige Subtraktion von 2 zugleich eine Tabelle der $\Delta_n(x)$ bis $n = 16$ gegeben.

Die Polynome $\varphi_{n.3}(x)$ genügen der rekurrenten Beziehung

(B, 41) $$\varphi_{n+1.3}(x) = (x-1)\,\varphi_{n.3}(x) - \varphi_{n-1.3}(x) + 2$$

Für die Polynome $\varphi_{n.r}(x)$ mit $r > 3$ lassen sich einfache rekurrente Beziehungen nicht mehr angeben, desgleichen keine Reihenentwickelungen nach Potenzen von x, mit Ausnahme einiger Spezialfälle, wo nämlich zwischen den beiden Parametern n und r gewisse einfache Beziehungen bestehen.

Zur Berechnung von $\varphi_{n.r}(x)$ für $r > 2$ kann man nach NÖRLUND die Regel benutzen, daß $(-1)^{n-1}\varphi_{n.r}(x)$ die Resultante[2]) ist von $\varphi_{n.2}(z)$ und $\varphi_{r.2}(z) - x$. Wegen (B, 8) und (B, 16) ist demnach[3])

$$(-1)^{\left[\frac{n-1}{2}\right]} u_{n.r}(x) \text{ die Resultante von } u_{n.2}(z) \text{ und } \varphi_{r.2}(z) - x,$$

$$(-1)^{\left[\frac{n}{2}\right]} v_{n.r}(x) \text{ die Resultante von } v_{n.2}(z) \text{ und } \varphi_{r.2}(z) - x.$$

2. Rekurrente Zahlenreihen

a) Die Zahlen N_k, u_k, v_k. Entwickelt man bei Ausgleichung mit gleichgewichtigen Richtungsverbesserungen die Korrelaten K der Winkelbedingungsgleichungen nach den Widersprüchen w, so gilt bekanntlich für die einfache Dreieckskette aus n Dreiecken bei der üblichen Vorzeichenfestsetzung

$$-N_{n+1}K_1 = N_n w_1 + N_{n-1}w_2 + \ldots + N_1 w_n \quad \text{usw.},$$

vgl. Formel (A, 15). Die Reihe der Zahlen N_k, beginnend mit den Werten

$$\begin{aligned}
N_k &= 0,\ 1,\ 3,\ 8,\ 21,\ 55,\ 144,\ 377,\ 987\ \ldots \\
k &= 0,\ 1,\ 2,\ 3,\ 4,\ 5,\ 6,\ 7,\ 8\ \ldots
\end{aligned}$$

ist identisch mit der Reihe der FIBONACCIschen bzw. LAMÉschen Zahlen u_k geraden Ranges und genügt der bekannten Rekursionsformel

(B, 42) $$N_{k+1} = 3N_k - N_{k-1}$$

[1]) [22], S. 28.

[2]) Die Resultante zweier Polynome $f(z)$ und $g(z)$ kann man u. a. durch die Bedingung definieren, daß das Verschwinden der Resultante charakteristisch sein soll dafür, daß die Polynome $f(z)$ und $g(z)$ einen gemeinsamen Teiler haben (vgl. [21], S. 101).

[3]) Die genaue Festlegung des Vorzeichens der Resultante ist unwesentlich, da definitionsgemäß der Koeffizient des höchsten Gliedes von $\varphi_{n.r}(x)$, $\psi_{n.r}(x)$, $u_{n.r}(x)$, $v_{n.r}(x)$ stets gleich $+1$ ist.

Die Anfangswerte der Zahlenreihe u_k lauten

$$u_k = 0,\ 1,\ 1,\ 2,\ 3,\ 5,\ 8,\ 13,\ 21\ \ldots$$
$$k = 0,\ 1,\ 2,\ 3,\ 4,\ 5,\ 6,\ 7,\ 8\ \ldots$$

Allgemein gilt

(B, 43) $$u_{2k} = N_k = u_k \cdot v_k$$

Die Reihe der v_k beginnt mit den Zahlen

$$v_k = 2,\ 1,\ 3,\ 4,\ 7,\ 11,\ 18,\ 29,\ 47\ \ldots$$
$$k = 0,\ 1,\ 2,\ 3,\ 4,\ 5,\ 6,\ 7,\ 8\ \ldots$$

und es gilt für alle k

(B, 44) $$u_{k+1} = u_k + u_{k-1}; \qquad v_{k+1} = v_k + v_{k-1}$$

Die u_k und v_k bilden monoton wachsende Zahlenreihen. Daher folgt aus (B, 43) u. a., daß in der Reihe der Zahlen N_k keine Primzahlen auftreten können, mit Ausnahme von $N_2 = 3$. Für die Zahlen u und v gilt dagegen: u_k kann nur dann Primzahl sein, wenn auch k es ist; v_k kann nur dann Primzahl sein, wenn k eine Primzahl oder eine Potenz von 2 ist. Zu den Beweisen hierfür sowie zu den sonstigen zahlentheoretischen Eigenschaften der N_k, u_k, v_k vgl. etwa [23], S. 55—91.

Bekannte independente Darstellungen der Zahlen u, v, N sind:

(B, 45) $$u_k = \frac{\left(\frac{1+\sqrt{5}}{2}\right)^k - \left(\frac{1-\sqrt{5}}{2}\right)^k}{\sqrt{2}} \qquad v_k = \left(\frac{1+\sqrt{5}}{2}\right)^k + \left(\frac{1-\sqrt{5}}{2}\right)^k$$

(B, 46) $$N_k = \frac{\left(\frac{3+\sqrt{5}}{2}\right)^k - \left(\frac{3-\sqrt{5}}{2}\right)^k}{\sqrt{5}} \qquad k = 0,\ 1,\ 2,\ 3,\ \ldots$$

Zwischen den Zahlen N, u, v und den Polynomen $\varphi_{n.2}(x)$, $u_{n.2}(x)$, $v_{n.2}(x)$ bestehen die Beziehungen:

(B, 47) $$N_n = \varphi_{n.2}(3)$$

(B, 48) $$u_n = u_{n.2}(3) \qquad v_n = v_{n.2}(3)$$

Eine Tabelle der für die geodätischen Anwendungen besonders interessierenden Zahlen N_n bis zu $n = 24$ findet man in [11], S. 16. Für die Zahlen N_n sind eine große Anzahl von Summenformeln und sonstigen Identitäten abgeleitet worden; vgl. hierzu besonders [24] und [25].

Bei der Fehlertheorie und Ausgleichung von Rautenketten in der Nadirtriangulation spielen auch die Zahlen $\varphi_{n.2}(4)$ eine Rolle; eine Tabelle dieser Zahlen bis zu $n = 16$ ist unter der Bezeichnung U_i für $P = 4$ in [22], S. 28, zu finden.

b) Die Krügerschen Zahlen P_i und Q_i. L. Krüger führte in [16], § 4, die rekurrenten Zahlenreihen P_i und Q_i ein; diese Zahlen bilden die Koeffizienten der Widersprüche in den Entwickelungen der Korrelaten der Winkelnormalgleichungen eines Zentralsystems oder Kranzsystems von n Dreiecken. Krüger gab bereits die Beziehungen an

(B, 47) $$P_i = N_i - N_{i-2} \qquad Q_i = N_i - N_{i-1}$$

Die Reihe der P_i, die bei den Kranzsystemen mit gerader Dreiecksanzahl auftreten, beginnt mit den Zahlen

$$P_i = 2,\ 3,\ 7,\ 18,\ 47,\ 123,\ 322\ \ldots$$
$$i = 1,\ 2,\ 3,\ 4,\ 5,\ 6,\ 7\ \ldots$$

Aus (B, 47) folgt wieder die Rekursionsformel $P_{i+1} = 3P_i - P_{i-1}$ und ferner aus (B, 40) die Beziehung

(B, 48) $$P_i = v_{2i-2}$$

Die P_i sind also identisch mit den Fibonaccischen Zahlen v geraden Ranges.

Die Reihe der Q_i, die bei den Kranzsystemen mit ungerader Dreiecksanzahl auftreten, beginnt mit den Zahlen

$$Q_i = 1,\ 2,\ 5,\ 13,\ 34,\ 89,\ 233\ \ldots$$
$$i = 1,\ 2,\ 3,\ 4,\ 5,\ 6,\ 7\ \ldots$$

Wieder besteht die Rekursionsformel $Q_{i+1} = 3Q_i - Q_{i-1}$ und, aus (B, 47) leicht ableitbar, die Beziehung

(B, 49) $$Q_i = u_{2i-1}$$

Die Q_i sind also identisch mit den Fibonaccischen Zahlen u ungeraden Ranges.

c) Weitere rekurrente Zahlenreihen mit Bedeutung für die Ausgleichungsrechnung und Fehlertheorie. Die Determinanten der einzeln durch 2 dividierten Winkelnormalgleichungen eines Zentral- oder Kranzsystems aus n Dreiecken habe ich in [12], S. 78, mit Δ_n bezeichnet und bis zu $n = 14$ tabuliert; sie genügen, wie man aus Formel (B, 38) für $x = 3$ erkennt, der rekurrenten Beziehung

(B, 50) $$\Delta_{n+1} = 3\Delta_n - \Delta_{n-1} + 2$$

und stehen zu den Krügerschen Zahlen P_i in der Beziehung

(B, 51) $$\Delta_i = P_{i+1} - 2 \qquad i = 3,\ 4,\ 5,\ 6,\ \ldots$$

Die Anfangswerte sind

$$\Delta_i = 16,\ 45,\ 121,\ 320,\ 841,\ 2205,\ 5776,\ 15125,\ \ldots$$
$$i = 3,\ 4,\ 5,\ 6,\ 7,\ 8,\ 9,\ 10,\ \ldots$$

Weitere rekurrente Zahlenreihen treten z. B. bei den Korrelatenentwickelungen und Fehlerfortpflanzungsuntersuchungen für die Doppelkette aus lauter sechsstrahligen Zentralsystemen auf.

III. Größter gemeinsamer Teiler der Elemente der adjungierten Determinante

Die Determinante der $F_{\mu.\nu}$ wird auch als die zu der Determinante D des linearen Gleichungssystems adjungierte Determinante bezeichnet. Enthalten alle $F_{\mu.\nu}$ einen von 1 verschiedenen größten gemeinsamen Teiler T, so hat man es mit kleineren ganzen Zahlen zu tun und spart somit an Rechnung, wenn man die Korrelatentabelle mit Hilfe der ganzen Zahlen $\frac{F_{\mu.\nu}}{T}$ bildet. Natürlich wird es nicht immer möglich sein, die Zahl T ohne weiteres aus der Punktdarstellung des betreffenden Dreiecksnetzes und dem zugehörigen Gesamtpunktwert D zu entnehmen. Die nachfolgenden Überlegungen sind aber geeignet, den größten gemeinsamen Teiler T in vielen Fällen sofort anzugeben oder jedenfalls seine Berechnung sehr zu erleichtern.

Ist

(B, 52) $$D = \begin{vmatrix} a_{1.1} & a_{1.2} & \ldots & a_{1.n} \\ a_{2.1} & a_{2.2} & \ldots & a_{2.n} \\ \cdot & \cdot & \cdot & \cdot \\ a_{n.1} & a_{n.2} & \ldots & a_{n.n} \end{vmatrix}$$

die Determinante des ursprünglichen Gleichungssystems[1]), so ist bekanntlich unter anderem:

(B, 53) $$D = \sum_{\nu=1}^{n} a_{1.\nu} F_{1.\nu}$$

Daher kann T, wie bekannt, nur Primfaktoren enthalten, die auch in D aufgehen, und keinen Primfaktor p in höherer Potenz als D. Genauer läßt sich jedoch die folgende allgemeine Regel aufstellen.

[1]) Auf die von Friedrich aus besonderen Gründen gewählte ungewöhnliche Schreibweise der Elemente der ursprünglichen Determinante (s. S. 2) kann hier wieder zugunsten der üblichen Bezeichnung verzichtet werden.

Regel für die Primfaktoren des größten gemeinsamen Teilers T der $F_{\mu.\nu}$

Enthält D einen beliebigen Primfaktor p in der Potenz a, so enthält T den gleichen Primfaktor höchstens in der Potenz $a - 1$.

Zum Beweise bezeichne ich die aus den $F_{\mu.\nu}$ gebildete Determinante (die adjungierte Determinante) mit ∇; es folgt bekanntlich

(B, 54) $$\nabla = D^{n-1}$$

Es sei $D = A \cdot p^a$ und — entgegen der Behauptung — $T = B \cdot p^a$, wo A und B beliebige ganze Zahlen sind, die p nicht als Faktor enthalten; dann wäre, da aus jeder Zeile oder Spalte von ∇ der Faktor $T = B \cdot p^a$ herausgezogen werden kann,

(B, 55) $$\nabla = C \cdot B^n \cdot p^{na}$$ (C eine beliebige ganze Zahl)

andererseits wegen (B, 54)

$$\nabla = A^{n-1} \cdot p^{(n-1)a}$$

im Widerspruch zu (B, 55).

Speziell folgt, daß T nur Primfaktoren enthalten kann, die D mindestens in der zweiten Potenz enthält; besteht daher die Primzahlzerlegung von D nur aus linearen Faktoren, so ist $T = 1$, und es kann also nicht dividiert werden. So war z. B. bei dem Rechenbeispiel zu Abb. B, 1 $D = 26301 = 3 \cdot 11 \cdot 797$; in diesem Falle kann man also allein aus der Primzahlzerlegung von D schließen, daß bei der Aufstellung der Tabelle der $F_{\mu.\nu}$ nicht gekürzt werden kann.

Darüber hinaus gibt das Determinanten-Verfahren von Friedrich in zahlreichen Fällen Mittel an die Hand, um allein aus dem Anblick der Punktdarstellung sofort zu erkennen, daß $T = 1$ ist, also nicht gekürzt werden kann. Für jede einfache Punktkette (Abb. B, 6) ist offenbar bei beliebigen Einzelpunktwerten, solange alle Verbindungswerte gleich $+1$ oder -1 sind, nach dem „Gesetz der Verbindungsprodukte"

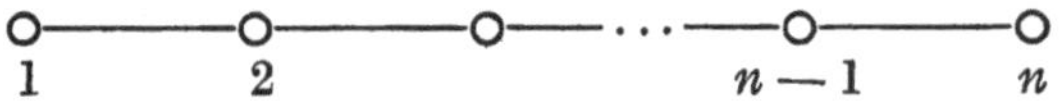

Abb. B, 6. Einfache Punktkette aus n Punkten

$$|F_{1.n}| = 1$$

und daher $T = 1$.

Bei den Korrelatentabellen der einfachen Dreieckskette kann also nie gekürzt werden, weil die kleinste unter den ganzen Zahlen $F_{\mu.\nu}$ stets gleich 1 ist.

Ferner ist sicher $T = 1$, wenn zwei Werte $F_{\mu.\nu}$ und $F_{\sigma.\tau}$ vorkommen, die zueinander teilerfremd sind. So ist z. B. bei dem durch die Punktdarstellung (Abb. B, 7) dargestellten Normalgleichungssystem

$$F_{1.n-1} = 3; \quad F_{n.n-1} = 8; \quad \text{und daher } T = 1$$

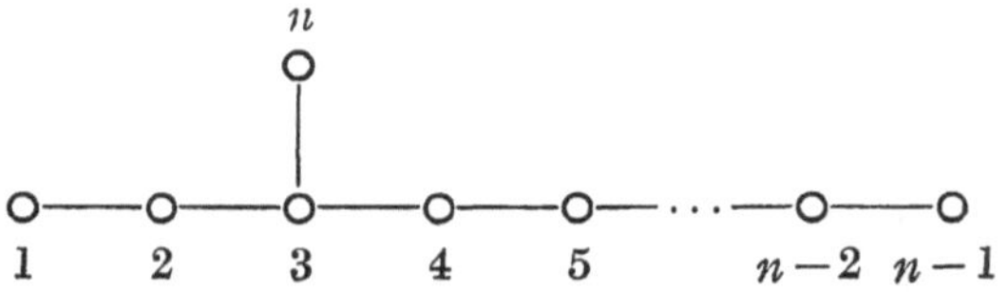

Abb. B, 7. Punktdarstellung der Winkelnormalgleichungen einer Dreieckskette aus n Dreiecken mit noch einem seitlich anhängenden Dreieck

Umgekehrt gibt es Punktdarstellungen, deren Anblick fast unmittelbar zeigt, daß ein von 1 verschiedener größter gemeinsamer Teiler vorhanden sein muß.

Weist nämlich eine sonst beliebige Punktdarstellung Symmetrie oder Spiegelsymmetrie auf zu einer Mittelachse[1]), so kann man die Punktdarstellung durch Einführung von Summen und Differenzen der bisherigen Unbekannten als neuen Unbekannten in mindestens zwei Teilpunktdarstellungen zerfällen, die Summen-Punktdarstellung und die Differenzen-Punktdarstellung, bei denen eine gewisse Anzahl von Einzelpunktwerten, häufig auch von Verbindungswerten, abgeändert ist. Sind D_I und D_{II} die Gesamtpunktwerte dieser Teilpunktdarstellungen, so ist natürlich stets, wie unter anderem aus den folgenden Ausführungen hervorgeht,

(B, 56) $$D = D_I \cdot D_{II}$$

Wie ich in [12] in Ausgestaltung der Friedrichschen Gedankengänge ausführlich zeigte[2]), kann man nun auf Grund meiner Formeln für Doppelketten die zu D adjungierte Determinante mit

[1]) Vgl. [11], S. 10. [2]) Vgl. [12], S. 79.

dem allgemeinen Glied $F_{\mu.\nu}$ aus der zu D_I adjungierten Determinante mit dem allgemeinen Glied $S_{\sigma.\tau}$ und der zu D_{II} adjungierten Determinante mit dem allgemeinen Glied $\Delta_{\sigma.\tau}$ durch Multiplikation der $S_{\sigma.\tau}$ mit D_{II} und der $\Delta_{\sigma.\tau}$ mit D_I nebst nachfolgender Mittelbildung aufs einfachste bestimmen. Handelt es sich z. B., wie in [12], S. 79, näher ausgeführt, um die unbestimmte Auflösung der Winkelnormalgleichungen eines Dreiecksnetzes aus zwei verschränkten je sechs- und vierstrahligen Zentralsystemen mit der Punktdarstellung gemäß Abb. B, 8, so zerfällt diese Punktdarstellung durch die Summen- und Differenzenbildung in die beiden getrennten Punktdarstellungen Abb. B, 9 und B, 10.

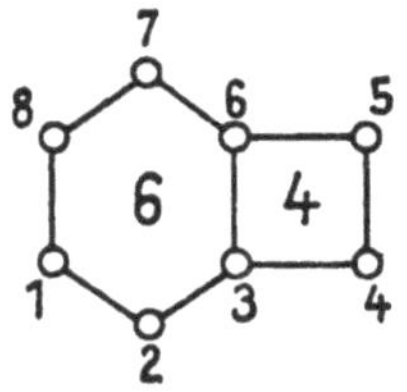

Abb. B, 8. Punktdarstellung des Winkelnormalgleichungssystems zweier verschränkter Zentralsysteme aus je 6 und 4 Dreiecken

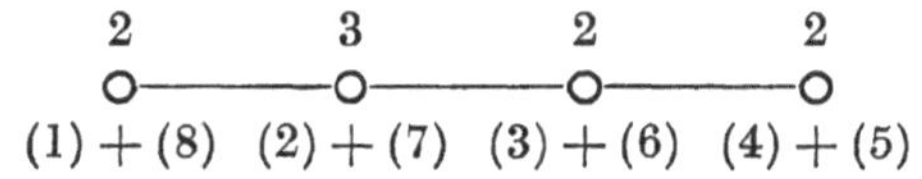

Abb. B, 9. Summen-Punktdarstellung zu Abb. B, 8

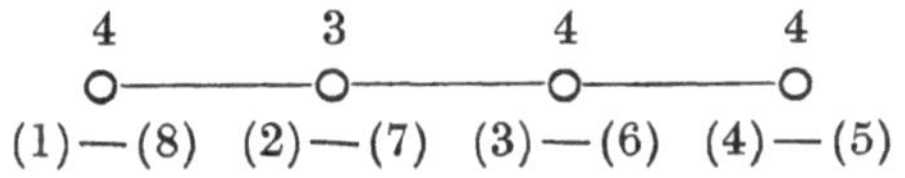

Abb. B, 10. Differenzen-Punktdarstellung zu Abb. B, 8

Es ist demnach $D_I = 11$ und $D_{II} = 149$ in Übereinstimmung mit dem Wert $D_{8,37} = 1639 = 11 \cdot 149$ in der Determinantentabelle (S. 31). Aus den Punktdarstellungen Abb. B, 9 und B, 10 sind somit als Matrizen der $S_{\sigma.\tau}$ und $\Delta_{\sigma.\tau}$ fast unmittelbar abzulesen

$$\text{(B, 57)} \qquad 11\,\mathfrak{S}^{-1} = \begin{pmatrix} 7 & 3 & 2 & 1 \\ & 6 & 4 & 2 \\ & & 10 & 5 \\ & & & 8 \end{pmatrix} \overset{\Sigma}{\begin{pmatrix} 13 \\ 15 \\ 21 \\ 16 \end{pmatrix}} \qquad 149\,\mathfrak{D}^{-1} = \begin{pmatrix} 41 & 15 & 4 & 1 \\ & 60 & 16 & 4 \\ & & 44 & 11 \\ & & & 40 \end{pmatrix} \overset{\Sigma}{\begin{pmatrix} 61 \\ 95 \\ 75 \\ 56 \end{pmatrix}}$$

Dabei sind, wie beim Rechnen mit symmetrischen Matrizen üblich, die links von der Hauptdiagonale stehenden Elemente fortgelassen und die „Summen-Vektoren" Σ zur Kontrolle mitgeführt.

Schreiben wir als Indizes σ und τ jeweils nur die erste Punktnummer, also beispielsweise statt $S_{(1)+(8),(3)+(6)}$ einfach $S_{1.3}$ usw., so ergibt sich, wie man leicht sieht, z. B.

$$\text{(B, 58)} \qquad F_{1.1} = \frac{D_{II} \cdot S_{1.1} + D_I \cdot \Delta_{1.1}}{2}$$

$$\text{(B, 59)} \qquad F_{1.8} = \frac{D_{II} \cdot S_{1.1} - D_I \cdot \Delta_{1.1}}{2}$$

$$\text{(B, 60)} \qquad F_{2.4} = \frac{D_{II} \cdot S_{2.4} + D_I \cdot \Delta_{2.4}}{2}$$

$$\text{(B, 61)} \qquad F_{2.5} = \frac{D_{II} \cdot S_{2.4} - D_I \cdot \Delta_{2.4}}{2}$$

Da zur Bildung der gemittelten Summen bzw. Differenzen alle Elemente von $D_I \cdot \mathfrak{S}^{-1}$ mit D_{II}, alle Elemente von $D_{II} \cdot \mathfrak{D}^{-1}$ mit D_I zu multiplizieren sind, so muß ein beliebiger gemeinsamer Teiler von D_I und D_{II}, mithin auch ihr größter gemeinsamer Teiler T', ebenfalls gemeinsamer Teiler aller $F_{\mu.\nu}$ sein, wobei jedoch infolge der Mittelbildung die 2 einmal als Faktor fortfallen kann. Es ergibt sich also folgende

Regel für den größten gemeinsamen Teiler der $F_{\mu.\nu}$ bei symmetrischer Punktdarstellung

Zerfällt eine symmetrische Punktdarstellung durch Summen- und Differenzenbildung in zwei Teil-Punktdarstellungen mit den Gesamtpunktwerten D_I und D_{II} und bezeichnet T' den größten gemeinsamen Teiler von D_I und D_{II}, so ist:

bei geraden Werten von T' : T ein Vielfaches von $\frac{T'}{2}$;

bei ungeraden Werten von T' : T ein Vielfaches von T'.

Rein empirisch ergab sich noch die zwar recht plausible, aber wohl nur sehr umständlich in Strenge beweisbare Regel, daß bei Punktdarstellungen von Winkelnormalgleichungssystemen der größte gemeinsame Teiler T aller $F_{\mu.\nu}$ einen von 2 und 3 verschiedenen Primfaktor dann und nur dann enthält, wenn die betreffende Punktdarstellung durch Symmetrie in zwei Teilpunktdarstellungen mit den Gesamtpunktwerten D_I und D_{II} zerfällt und der größte gemeinsame Teiler T' von D_I und D_{II} diesen Primfaktor ebenfalls enthält.

Demnach ist der größte gemeinsame Teiler T aller $F_{\mu.\nu}$ bei unsymmetrischer Punktdarstellung des betreffenden Winkelnormalgleichungssystems stets von der Form

(B, 62) $$T = 2^{\alpha} \cdot 3^{\beta} \qquad \alpha \geqq 0, \qquad \beta \geqq 0,$$

während bei symmetrischer Punktdarstellung stets gilt

(B, 63) $$T = 2^{\alpha} \cdot 3^{\beta} \cdot T' \qquad \alpha \geqq -1, \quad \beta \geqq 0.$$

Auch diese Regel bietet ein bequemes Mittel dar, um es bei der Berechnung von Korrelatenentwickelungen durch vorheriges Herauskürzen eines gemeinsamen Teilers aller $F_{\mu.\nu}$, am besten natürlich ihres größten gemeinsamen Teilers, mit kleineren ganzen Zahlen zu tun zu haben und dadurch Zeit und Mühe zu sparen. Die Friedrichschen Vorschriften zur Bildung der $F_{\mu.\nu}$ mit Hilfe des Gesetzes der Verbindungsprodukte, Formel (A, 10), und der hier mitgeteilten Determinantentabelle bleiben natürlich auch in diesem Falle sehr praktisch verwendbar. Man bestimmt dann nämlich zweckmäßig nur einige Ausgangs- oder „kritische" Zahlen $\frac{F_{\mu.\nu}}{T}$ mit Hilfe von (A, 10), benutzt dagegen zur Berechnung der übrigen $\frac{F_{\mu.\nu}}{T}$ die unmittelbar aus der Punktdarstellung abzulesenden Gewichtsgleichungen, d.h. die mit dem Absolutglied $\frac{D}{T}$ oder 0 und den $\frac{F_{\mu.\nu}}{T}$ als Unbekannten gebildeten Normalgleichungen (vgl. hierzu das Rechenbeispiel zu Abb. B, 1).

Auch, wenn das aufzulösende Normalgleichungssystem eine symmetrische Punktdarstellung besitzt, kann der größte gemeinsame Teiler T der Zahlen $F_{\mu.\nu}$ gleich 1 sein; nämlich dann, wenn T', der größte gemeinsame Teiler von D_I und D_{II}, gleich 1 oder 2 ist. So enthält z. B. der Determinantenzahlwert $D_{6.3}$ unserer Determinantentabelle (S. 30) zwar den Faktor 2^4; trotzdem ist $T = 1$. Dies ist möglich, weil bei der Zerlegung von $D_{6.3} = 368$ in die Faktoren $D_I = 2 \cdot 23$ und $D_{II} = 2^3 = N_3$ (vgl. die zugehörige Punktdarstellung in der Determinantentabelle) der Exponent von 2 nach der Gleichung $4 = 1 + 3$ (und nicht $4 = 2 + 2$) zerlegt wird.

Es seien noch kurz einige Fälle erwähnt, wo stets $T > 1$ ist, also bei der Aufstellung der Korrelatentabelle immer gekürzt werden kann. Für die mit gleichgewichtigen Richtungsverbesserungen gebildeten Winkelnormalgleichungen eines Zentralsystems oder Kranzsystems mit beliebiger Dreiecksanzahl n zeigte dies bereits L. Krüger[1]). Mit Hilfe des Friedrichschen Determinantenverfahrens erhält man aber dieses Ergebnis in besonders einfacher und anschaulicher Weise.

Sei nämlich zunächst die Dreiecksanzahl ungerade, $n = 2m + 1$ (Abb. B, 11). Führt man der Kürze halber für die Aufspaltung eines linearen Gleichungssystems mit symmetrischer Punktdarstellung mit Hilfe der mehrfach benutzten Bildung von Summen und Differenzen der einander in der Symmetrie entsprechenden linearen Gleichungen die naheliegende Bezeichnung „Symmetrie-Spaltung" eines linearen Gleichungssystems ein, analog zu Friedrichs Bezeichnung „Spaltung von Punktketten" bzw. „Umformung von Maschennetzen durch Spaltung"[2]), so kann man sagen:

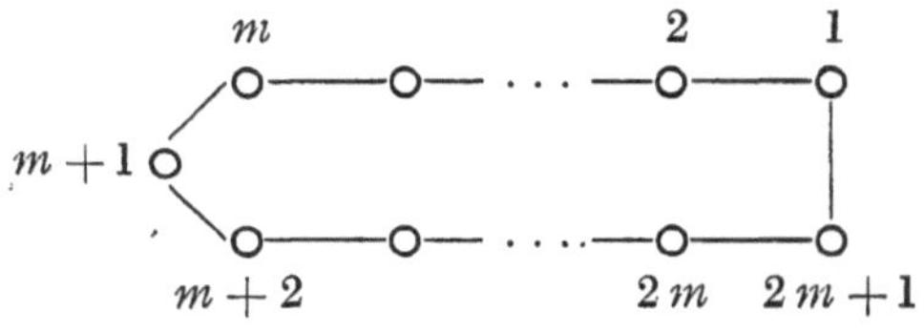

Abb. B, 11. Punktdarstellung des Winkelnormalgleichungssystems eines Zentral- oder Kranzsystems von $n = 2m + 1$ Dreiecken

Die Punktdarstellung gemäß Abb. B, 11 zerfällt durch Symmetrie-Spaltung in die Summen-Punktdarstellung Abb. B, 12 und in die Differenzen-Punktdarstellung Abb. B, 13.

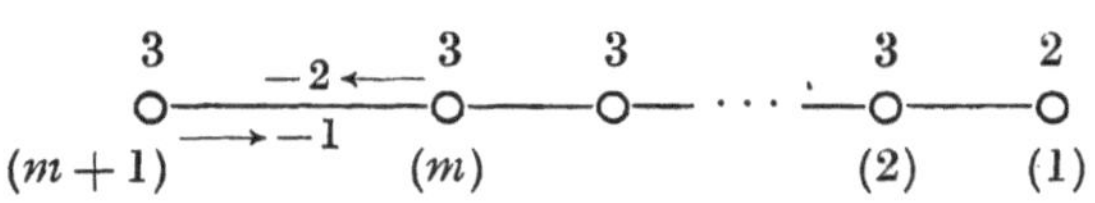

Abb. B, 12. Summen-Punktdarstellung zu Abb. B, 11

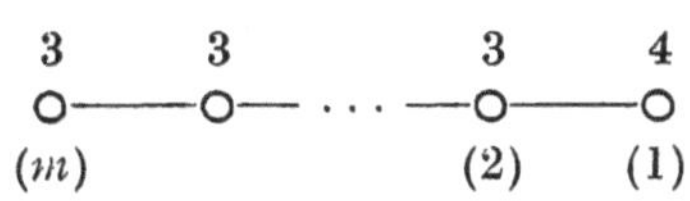

Abb. B, 13. Differenzen-Punktdarstellung zu Abb. B, 11

[1]) In [16], S. 15 ff. [2]) Vgl. Abschnitt A, S. 25 u. 26.

Unter Benutzung der Zahlen $N_k = u_k \cdot v_k$ ergibt sich aus dem 3. Lehrsatz von FRIEDRICH über Abänderung von Punktwerten (S. 6) sofort

(B, 64) $$D_{II} = N_{m+1} + N_m = v_n$$

(B, 65) $$D_I = N_{m+2} - N_{m+1} - N_m + N_{m-1} = N_{m+1} + N_m = D_{II}$$

T könnte nun nach (B, 63) noch ein gewisses Vielfaches von $\frac{T'}{2} = \frac{v_n}{2}$ sein. Nun haben aber bei einem Zentralsystem mit gleichgewichtigen Richtungsverbesserungen alle Korrelaten der Winkelnormalgleichungen dieselben Entwicklungskoeffizienten, etwa diejenigen der zu dem Punkt auf der Symmetrie-Achse gehörigen Korrelate K_{m+1}, also die KRÜGERschen Zahlen Q_i: 1, 2, 5, 13, . . ., die einerseits ganze Zahlen sind, andererseits sicher keinen gemeinsamen Teiler mehr haben; folglich ist

(B, 66) $$T = T' = N_{m+1} + N_m = v_n$$

Ist die Dreiecksanzahl des Zentralsystems gerade, $n = 2m$, so findet sich entsprechend, was hier nicht näher ausgeführt werden soll,

(B, 67) $$T = N_m = u_n$$

Auf die Anführung weiterer Fälle, wo sicher $T > 1$ ist, kann verzichtet werden.

IV. Gleichungssysteme mit unsymmetrischer Matrix

Die Matrix eines beliebigen Systems von Normalgleichungen ist bekanntlich immer symmetrisch. Zerlegt man aber zwecks Berechnung aller $F_{\mu.\nu}$ mit einem Schlage ein Normalgleichungssystem mit achsialsymmetrischer Punktdarstellung[1]) durch Übergang zu Summen und Differenzen der bisherigen Unbekannten — Symmetrie-Spaltung — in zwei neue Systeme linearer Gleichungen, so ist zwar die Matrix des Differenzensystems, wie man leicht einsieht, auch wieder symmetrisch; dagegen wird die Matrix des Summensystems dann unsymmetrisch, wenn die ursprüngliche Punktdarstellung einen oder mehrere Punkte enthält, die auf der Symmetrie-Achse liegen. Das von FRIEDRICH angegebene Schema zur Bestimmung aller $F_{\mu.\nu}$ mit einem Schlage[2]) bedarf in diesem Falle einer Ergänzung, die der Vollständigkeit halber an einem Beispiel auseinandergesetzt werden möge.

Aufzulösen sei das System der 10 Winkelnormalgleichungen zweier je vier- und sechsstrahliger Zentralsysteme, die eine Seite gemeinsam haben. Die Punktdarstellung des Gesamtsystems (Nr. 10, 161 in der Determinantentabelle) zeigt nochmals Abb. B, 14.

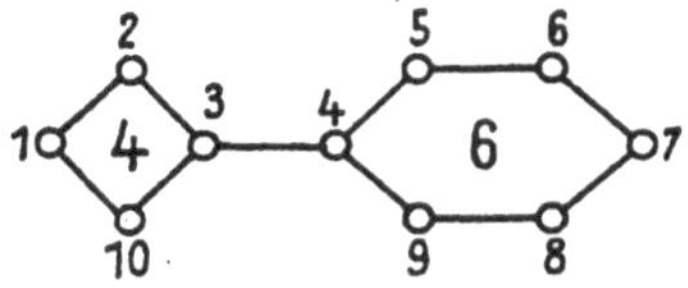

Abb. B, 14. Punktdarstellung der Winkelnormalgleichungen zweier je vier- und sechsstrahliger Zentralsysteme, die nur eine Seite gemeinsam haben

Diese Punktdarstellung zerfällt durch Symmetrie-Spaltung in die beiden getrennten Punktdarstellungen gemäß Abb. B, 15 und B, 16.

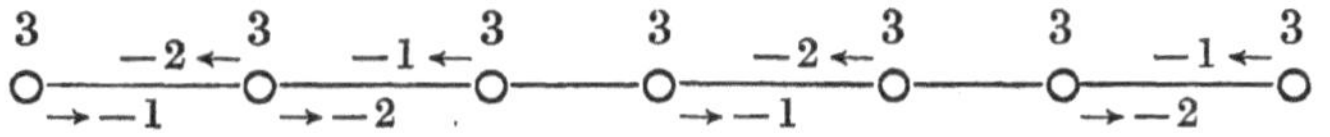

Abb. B, 15
Summen-Punktdarstellung zu Abb. B, 14

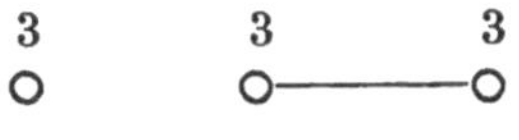

Abb. B, 16
Differenzen-Punktdarstellung zu Abb. B, 14

---

[1]) Natürlich kann eine Punktdarstellung nur dann als eigentlich symmetrisch bezeichnet werden, wenn auch die einander entsprechenden Einzelpunktwerte und Verbindungswerte übereinstimmen. Rein geometrische Symmetrie genügt also im allgemeinen nicht, jedenfalls aber dann, wenn, wie bei den Winkelnormalgleichungen von Dreiecksnetzen unter den hier gemachten Voraussetzungen alle Einzel-Punktwerte gleich 3, alle Verbindungswerte gleich —1 sind.

[2]) Vgl. Abschnitt A, S. 13.

Zu der Punktdarstellung Abb. B, 15 gehört offensichtlich eine unsymmetrische Matrix. Trotzdem ist die zugehörige Matrix der Adjungierten leicht zu bestimmen, indem man das FRIEDRICHsche Schema (A, 27) — für fünf Unbekannte — folgendermaßen erweitert:

(B, 68)

B_5'	B_4'	B_3'	B_2'	B_1'	B_0'	
B_4'	1	$p_{1.2}$	$p_{1.3}$	$p_{1.4}$	$p_{1.5}$	B_0
B_3'	$p_{2.1}$	1	$p_{2.3}$	$p_{2.4}$	$p_{2.5}$	B_1
B_2'	$p_{3.1}$	$p_{3.2}$	1	$p_{3.4}$	$p_{3.5}$	B_2
B_1'	$p_{4.1}$	$p_{4.2}$	$p_{4.3}$	1	$p_{4.5}$	B_3
B_0'	$p_{5.1}$	$p_{5.2}$	$p_{5.3}$	$p_{5.4}$	1	B_4
	B_0	B_1	B_2	B_3	B_4	B_5

und die Anordnung trifft, daß zur Bildung der dreifachen Produkte für die Elemente in der Hauptdiagonale und rechts davon die oben und rechts stehenden B-Werte dienen sollen, für die Elemente links von der Hauptdiagonalen dagegen die links und unten stehenden B-Werte (Näherungsnenner). Es würde etwa folgen:

$$F_{2.4} = B_1' \cdot p_{2.4} \cdot B_1\,; \quad F_{4.2} = B_1' \cdot p_{4.2} \cdot B_1 \quad \text{usw.}$$

Die Werte B_ν und B_ν', $\nu = 0, 1, 2, 3, 4, 5$, können einerseits als Kettenbruchnenner mit Hilfe der bekannten Rekursionsformel[1])

(B, 69) $$B_\nu = b_\nu B_{\nu-1} + a_\nu B_{\nu-2} \qquad \nu \geqq 2$$

für die Näherungsnenner B_ν des allgemeinen Kettenbruchs

(B, 70) $$b_0 + \frac{a_1|}{|b_1} + \frac{a_2|}{|b_2} + \dots + \frac{a_n|}{|b_n} = \frac{A_n}{B_n}$$

berechnet werden; andererseits erhält man sie fast noch einfacher mit Hilfe des FRIEDRICHschen Determinanten-Verfahrens aus der Punktdarstellung des betreffenden Systems linearer Gleichungen; d. h. bei dem vorliegenden Beispiel aus der Punktdarstellung gemäß Abb. B, 15.

Für die zu der Punktdarstellung Abb. B, 15 gehörige Matrix der Adjungierten ergibt sich folgendes Schema der Werte $p_{\mu.\nu}$:

(B, 71)

	474	226	102	40	18	7	3	1	
1	226	1	1	2	2	2	2	4	1
(2) + (10)	102	2	1	2	2	2	2	4	3
3	40	2	1	1	1	1	1	2	7
4	18	2	1	1	1	1	1	2	15
(5) + (9)	7	4	2	2	2	1	1	2	38
(6) + (8)	3	4	2	2	2	1	1	2	84
7	1	4	2	2	2	1	1	1	214
		1	3	7	15	38	84	214	474
		1	(2) + (10)	3	4	(5) + (9)	(6) + (8)	7	

oder, nach Ausführung der Multiplikationen:

(B, 72)

474	1	(2) + (10)	3	4	(5) + (9)	(6) + (8)	7	Σ
1	226	102	80	36	14	6	4	468
(2) + (10)	204	306	240	108	42	18	12	930
3	80	120	280	126	49	21	14	690
4	36	54	126	270	105	45	30	666
(5) + (9)	28	42	98	210	266	114	76	834
(6) + (8)	12	18	42	90	114	252	168	696
7	4	6	14	30	38	84	214	390
Σ	590	648	880	870	628	540	518	

[1]) Vgl. [26], S. 5.

Bei der „Differenzen-Spaltung" geht, wie erwähnt, die Symmetrie nicht verloren, und man findet aufs einfachste als Matrix der Adjungierten:

(B, 73)

24	(2)—(10)	(5)—(9)	(6)—(8)	Σ
(2)—(10)	8	0	0	8
(5)—(9)	0	9	3	12
(6)—(8)	0	3	9	12

Zunächst ist demnach

$$D = 474 \times 24 = 2 \cdot 3 \cdot 79 \times 2^3 \cdot 3 = D_{10,161}$$

in Übereinstimmung mit der Determinantentabelle. Alle $F_{\mu.\nu}$ haben somit[1]) jedenfalls den gemeinsamen Teiler 3, und da z. B. $F_{5.5} = D_{9,34} = 5325$, also ungerade ist, während andererseits die Primzahlzerlegung von $D_{10,161}$ die 3 nur im Quadrat enthält, so ist 3 der größte gemeinsame Teiler aller $F_{\mu.\nu}$; man wird daher die endgültige Korrelatentabelle am besten mit den Zahlen $\frac{F_{\mu.\nu}}{3}$ bilden. Die den auf der Symmetrie-Achse gelegenen Punkten entsprechenden Zeilen 1, 3, 4, 7 der Korrelatentabelle gewinnt man demnach einfach durch Multiplikation der Zeilen 1, 3, 4, 7 von (B, 72) mit 8. Zur Berechnung der übrigen Zeilen der Korrelatentabelle hat man die Zeilen (2) + (10), (5) + (9), (6) + (8) von (B, 72) mit 4, die entsprechenden Zeilen (2) — (10), (5) — (9), (6) — (8) von (B, 73) mit 79 zu multiplizieren. Man braucht dann nur noch da Summen und Differenzen zu bilden, wo beide Indizes nicht zu Punkten auf der Symmetrie-Achse gehören. Das Ergebnis ist die folgende Korrelatentabelle.

(B, 74)

— 7584 K \ w	1	2	3	4	5	6	7	8	9	10	Σ
1	1808	816	640	288	112	48	32	48	112	816	4720
2		1856	960	432	168	72	48	72	168	592	5184
3			2240	1008	392	168	112	168	392	960	7040
4				2160	840	360	240	360	840	432	6960
5					1775	693	304	219	353	168	5024
6						1719	672	297	219	72	4320
7							1712	672	304	48	4144
8								1719	693	72	4320
9									1775	168	5024
10										1856	5184

Zahlreiche Rechenkontrollen an Hand der aus der Punktdarstellung Abb. B, 14 abzulesenden, mit den Größen $\frac{F_{\mu.\nu}}{3}$ als Unbekannten gebildeten Gewichtsgleichungen oder mittels des Friedrichschen Determinanten-Verfahrens können jederzeit mit Leichtigkeit eingeschaltet werden.

Die hier vorgeführte Art der Berechnung für Normalgleichungssysteme mit symmetrischer Punktdarstellung ist zweifellos die eleganteste, weil man eben alle $F_{\mu.\nu}$ mit einem Schlage erhält. Jedoch habe ich die Erfahrung gemacht, daß man im allgemeinen schneller und sicherer zum Ziel kommt, wenn man zunächst nur einige „Grundwerte" $F_{\mu.\nu}$ nach dem Friedrich'schen Determinanten-Verfahren berechnet bzw. aus der Determinantentabelle entnimmt und die übrigen $F_{\mu.\nu}$ mit Hilfe der Gewichtsgleichungen bestimmt. Der Grund liegt wohl darin, daß man dann nur e i n e Matrix zu bestimmen hat und außerdem durch das Herumrechnen längs der Maschenbegrenzungen stets einige F-Werte auf zwei verschiedenen Wegen erhält, was natürlich eine besonders sichere Kontrolle ergibt.

Abschließend muß noch ein Wort über die Symmetrie-Spaltung von Normalgleichungssystemen mit spiegel-symmetrischer Punktdarstellung gesagt werden. Als Beispiel betrachten wir die Punkt-

[1]) Vgl. die „Regel für den größten gemeinsamen Teiler der $F_{\mu.\nu}$ bei symmetrischer Punktdarstellung" in B, III, S. 49.

darstellung Abb. B, 17, der geodätisch das Winkelnormalgleichungssystem zweier verschränkter fünfstrahliger Zentralsysteme mit noch zwei spiegel-symmetrisch anhängenden Dreiecken entspricht (Nr. 10, 183 in der Determinantentabelle)[1]. Die durch die Symmetrie-Spaltung entstehenden beiden Punktdarstellungen zeigen die Abbildungen B, 18 und B, 19.

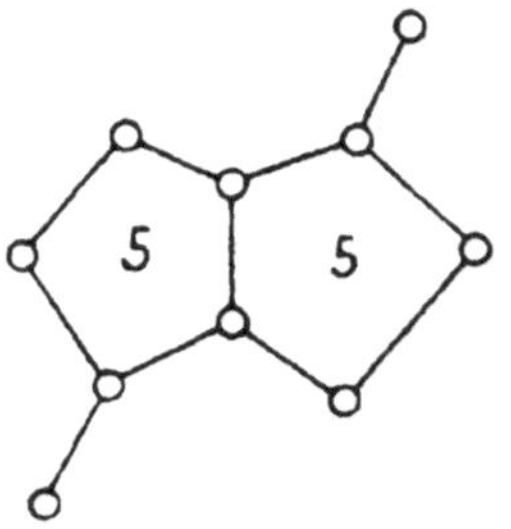

Abb. B, 17
Punktdarstellung des Winkelnormalgleichungssystems zweier verschränkter fünfstrahliger Zentralsysteme mit noch zwei spiegel-symmetrisch anhängenden Dreiecken

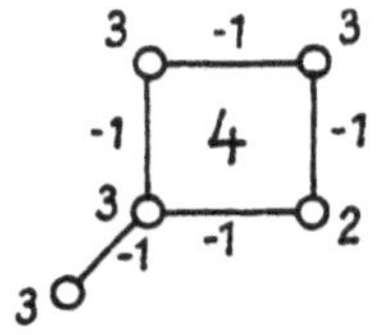

Abb. B, 18
Summen-Punktdarstellung zu Abb. B, 17

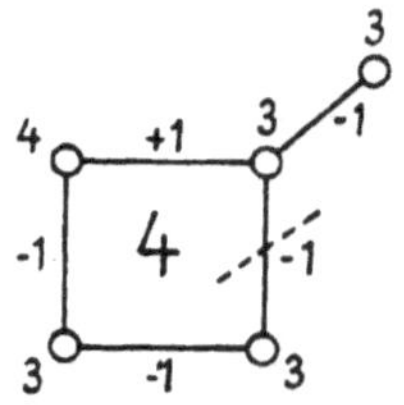

Abb. B, 19
Differenzen-Punktdarstellung zu Abb. B, 17

Wie man sieht, bleiben bei der Summen-Punktdarstellung alle Verbindungswerte gleich -1, und nur ein Einzel-Punktwert ändert sich. Bei der Differenzen-Punktdarstellung wechselt dagegen ein Paar von Verbindungswerten das Vorzeichen; gleichzeitig ist bei beiden Punktdarstellungen aus dem Fünfeck ein Viereck geworden, die Anzahl der Maschen-Eckpunkte also um eins heruntergegangen. Man überzeugt sich leicht davon, daß die Symmetrie-Spaltung solcher spiegelsymmetrischen Doppelmaschen-Punktdarstellungen stets nach diesem Muster erfolgt; wegen des relativ seltenen Auftretens von spiegel-symmetrischen Punktdarstellungen in der geodätischen Netzausgleichung möchte ich mich jedoch mit diesem Hinweis begnügen.

Für die Determinante D_I der Summen-Punktdarstellung findet sich nach dem Friedrichschen Determinantenverfahren

$$D_I = D_{5,4} - N_5 = 114 - 55 = 59;$$

für die Determinante D_{II} der Differenzen-Punktdarstellung dagegen, indem man zunächst die in Abb. B, 19 durchgestrichene Verbindung fortläßt und hinterher wieder einfügt,

$$D_{II} = N_6 + N_3^2 - N_2 (N_3 + N_2) + 2 N_2 = 144 + 64 - 3 \cdot 11 + 6 = 181,$$

in Übereinstimmung mit dem Wert $D_{10,183} = 10679 = 59 \cdot 181$ in der Determinantentabelle.

V. Ungleiche Richtungsgewichte, mit einigen Bemerkungen zu L. Asplunds Kritik des Eggertschen Ausgleichungsverfahrens für große Dreiecksnetze

Bei der Anwendung des Boltzschen Entwickelungsverfahrens ergeben sich bekanntlich besondere Vorteile, wenn alle Richtungen mit gleichem Gewicht in die Ausgleichung eingeführt werden, so daß für die Auflösung der Winkelnormalgleichungen gewisser Ausgangsteilnetze — z. B. von einfachen Dreiecksketten, von Kranzsystemen usw. — die im Druck erschienenen Korrelatentabellen benutzt werden können. Es sei jedoch im folgenden auf einige Fälle hingewiesen, wo man auch bei Vorliegen von 1 abweichender Gewichte aus diesen Tabellen Nutzen ziehen kann.

Bei dem bekannten Eggertschen Verfahren zur Ausgleichung großer Dreiecksnetze[2], das — neben anderen Verfahren — bei der Bamberger Ausgleichung des Zentral-Europäischen Dreiecksnetzes im großen angewendet wurde, wird es vielfach vorteilhaft sein, die Ausgleichung der einzelnen Teilnetze nach dem Entwickelungsverfahren vorzunehmen[3]. Dabei sind nach O. Eggert Richtungsbeobachtungen, die zu zwei in einem Polygon-Eckpunkt zusammenstoßenden Dreiecks-

[1]) Vgl. hierzu [11], § 4. — Gegenüber dem dort gewählten Ausdruck „zentralsymmetrische Punktdarstellung“ möchte ich die Bezeichnung „spiegel-symmetrische Punktdarstellung“ vorziehen.

[2]) Vgl. [27], § 95, und [28], S. 474—480. [3]) Vgl. [1], S. 109.

ketten gehören, mit dem Gewicht $\frac{1}{2}$ in die Ausgleichungen der Teilnetze einzuführen, wenn die übrigen Richtungsverbesserungen das Gewicht 1 erhalten. Häufig wird ein solches Teilnetz eine einfache Dreieckskette sein oder die Teilausgleichung kann mit einer solchen Konfiguration begonnen werden. Denken wir uns nun wieder jede Winkelnormalgleichung durch 2 dividiert, so ist die Punktdarstellung des Winkelnormalgleichungssystems eine offene Punktkette, bei der jedoch an einen der Endpunkte oder an beide der Koeffizient 4 heranzuschreiben ist, je nachdem ob das Gewicht $\frac{1}{2}$ nur an einem Ende der Dreieckskette auftritt oder an beiden. Betrachten wir zunächst an Hand von Abb. B, 20 den letzteren Fall.

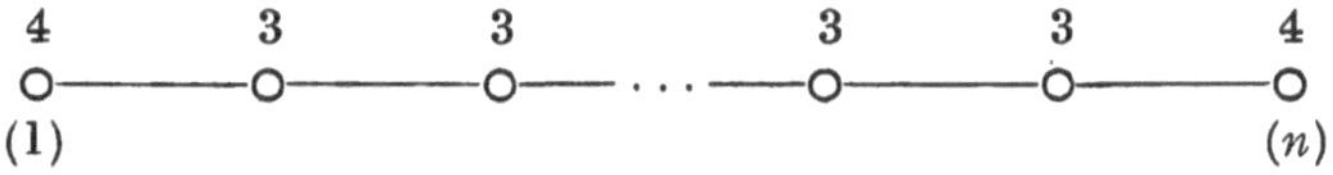

Abb. B, 20. Punktdarstellung einer einfachen Dreieckskette mit dem Richtungsgewicht $\frac{1}{2}$ an beiden Enden

Die Korrelatenentwickelung für eine solche Dreieckskette wäre nach der Kettenbruchmethode oder dem FRIEDRICHschen Determinantenverfahren ohne Schwierigkeiten anzugeben. Z. B. wäre etwa für eine Kette von sechs Dreiecken bei der üblichen Vorzeichenfestsetzung, wenn die Koeffizienten der unbestimmten Auflösung wieder mit $f_{\mu.\nu}$ bezeichnet werden,

$$-2f_{1.1} = \frac{1|}{|4} - \frac{1|}{|3} - \frac{1|}{|3} - \frac{1|}{|3} - \frac{1|}{|3} - \frac{1|}{|4} = \frac{199}{720}$$

Abb. B, 20 ist aber zugleich die Differenzen-Punktdarstellung der durch 2 dividierten Winkelnormalgleichungen eines Kranzsystems aus $2n$ Dreiecken; d. h. die Punktdarstellung, die man erhält, wenn man als Unbekannte nicht die Korrelaten K_1', K_2', ... K_{2n}' der Winkelnormalgleichungen des Kranzsystems selbst wählt, sondern die Differenzen $K_1' - K_{2n}'$, $K_2' - K_{2n-1}'$, ... $K_n' - K_{n+1}'$. Besteht daher die Dreieckskette beispielsweise wieder aus sechs Dreiecken, so erhält man die zugehörige Korrelatenentwickelung aus den BOLTZschen Korrelatentabellen für ein Kranzsystem von $2 \cdot 6 = 12$ Dreiecken[1]) in folgender Weise.

Abb. B, 21 zeigt die Punktdarstellung eines solchen Kranzsystems, wobei jedoch jetzt an jeden Punkt der ihm zukommende Koeffizient der Korrelatentabelle in Einheiten der fünften Dezimale der Sekunde angeschrieben ist.

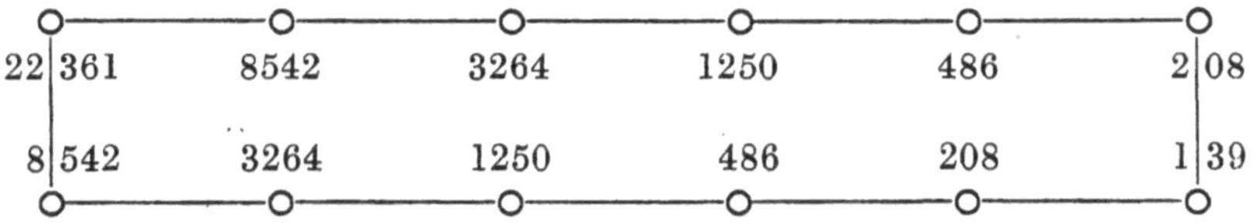

Abb. B, 21. Punktdarstellung der Winkelnormalgleichungen eines Kranzsystems von 12 Dreiecken mit angeschriebenen Koeffizienten der unbestimmten Auflösung

Um die erste Korrelate K_1 für unsere Dreieckskette zu erhalten, hat man nun lediglich die untere Zahlenreihe von der oberen zu subtrahieren, wobei sich ergibt:

$$-K_1 = 0.13819 w_1 + 0.05278 w_2 + 0.02014 w_3 + 0.00764 w_4 + 0.00278 w_5 + 0.00069 w_6$$

Zur Berechnung der übrigen Korrelaten unserer Dreieckskette genügt es, die untere (nach rechts fortgesetzte) Koeffizientenreihe jeweils um zwei Plätze nach links zu verschieben — etwa mit Hilfe eines Schiebezettels —, und dann wieder die untereinanderstehenden Zahlen voneinander zu subtrahieren. Die erste Verschiebung ergibt die zweite Korrelate unserer Dreieckskette, die zweite Verschiebung die dritte Korrelate usw., ganz unabhängig von der Länge der Dreieckskette.

Allgemein ist bei einer Kette von n Dreiecken von der Korrelatenentwickelung für ein Kranzsystem von $2n$ Dreiecken auszugehen.

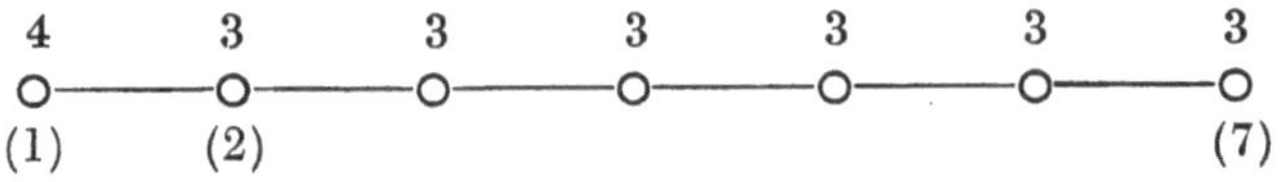

Abb. B, 22. Punktdarstellung der Winkelnormalgleichungen einer Dreieckskette von 7 Dreiecken mit dem Richtungsgewicht $\frac{1}{2}$ am Anfang der Kette

Weist die auszugleichende Dreieckskette nur an einem Ende eine Dreiecksseite auf, bei der Richtung und Gegenrichtung das Gewicht $\frac{1}{2}$ zu erhalten haben, so hat man es jetzt, etwa für eine Kette von sieben Dreiecken, mit der Punktdarstellung Abb. B, 22 zu tun.

[1]) [7], S. 28.

Abb. B, 22 kann aber zugleich betrachtet werden als Differenzen-Punktdarstellung einer einfachen Dreieckskette von $2n = 2 \cdot 7 = 14$ Dreiecken. Demnach hat man in diesem Falle von den Korrelatenentwickelungen für eine einfache Dreieckskette von 14 Dreiecken auszugehen und dann ähnlich wie vorher zu verfahren.

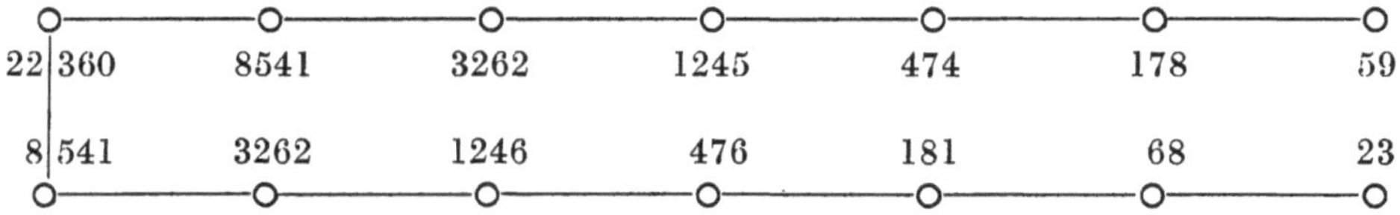

Abb. B, 23. Punktdarstellung der Winkelnormalgleichungen einer Dreieckskette von 14 Dreiecken mit angeschriebener Entwickelung der siebenten Korrelate nach den Widersprüchen

Zum Beispiel erhält man aus der Entwickelung der siebenten Korrelate K_7 nach den Widersprüchen durch Subtraktion der in Abb. 23 untereinanderstehenden Zahlen

$$-K_1 = 0.13819 w_1 + 0.05279 w_2 + 0.02016 w_3 + 0.00769 w_4 + 0.00293 w_5 + 0.00110 w_6 + 0.00036 w_7$$

Für die weitere Berechnung hat man dann von der Entwickelung der siebenten Korrelate zu der Entwickelung der sechsten Korrelate für 14 Dreiecke überzugehen usw. und gleichzeitig wieder die untere Koeffizientenreihe jeweils um zwei Plätze nach links zu verschieben. Beispielsweise kommen für die zweite Korrelate folgende Zahlen der BOLTZschen Tabellen übereinanderzustehen:

2	3	4	5	6	7
0.22360	0.08540	0.03261	0.01242	0.00466	0.00155
1246	476	182	69	26	9
0.21114	0.08064	0.03079	0.01173	0.00440	0.00146

Das Ergebnis der Subtraktion, unterste Reihe, ist die Entwickelung der zweiten Korrelate K_2 unserer Kette von sieben Dreiecken nach den Widersprüchen. Die infolge der Subtraktion unvermeidlichen kleinen Abrundungsfehler in der letzten Stelle werden im allgemeinen ohne Belang sein; anderenfalls muß man eben direkt nach der Kettenbruchmethode oder dem FRIEDRICHschen Determinantenverfahren rechnen.

Anschließend können dann weitere Bedingungen des betreffenden Teilnetzes, etwa Dreiecksschlußbedingungen, Seitengleichungen und dergleichen hinzugenommen, Funktionsgewichte für den weiteren Ausgleichungsgang gebildet werden usw.

Gehört eine Richtung mehr als zwei, allgemein n Teilnetzen an, so erweitert H. WOLF [1]) die EGGERTschen Vorschläge dahingehend, daß dann diese Richtung in den einzelnen Teilnetzen mit dem Gewicht $\frac{1}{n}$ einzuführen sei. Dies entspricht ganz einem schon vor längerer Zeit gegebenen Hinweis von mir [2]), wonach bei zwei Teilnetzen das Gewicht $\frac{1}{2}$ nur die bequemste Gewichtsannahme darstellt, während es theoretisch genügen würde, das eine Teilgewicht gleich p und das andere gleich $1 - p$ zu wählen. Denn, um Übereinstimmung der Ausgleichung nach EGGERT mit einer Ausgleichung in einem Guß zu erreichen, kommt es hinsichtlich der Gewichtsfestsetzung offenbar darauf an, daß die beiden Ausgleichungen die gleiche Fehlerquadratsumme zu einem Minimum machen. Eben dies wird etwa durch die Gewichtsannahme $p = \frac{1}{n}$ bei n Teilnetzen erreicht, in Verbindung mit den zusätzlichen Bedingungen, daß sich aus den verschiedenen Teilausgleichungen derselbe Zahlenwert der betreffenden Richtungsverbesserung ergibt; denn wenn eine Richtung n Teilnetzen angehört, so tritt ihre Verbesserung beim EGGERTschen Verfahren in $[pvv]$ eben n-mal auf. Diese Überlegung sollte eigentlich zum Nachweis der Strenge der Gewichtsfestsetzung $\sum p = 1$ schon genügen, falls die Beobachtungen auf der betreffenden Station im Sinne der Methode der kleinsten Quadrate einwandfrei ausgeglichen sind; denn wie man die Netzbedingungen wählt, das ist bekanntlich ohne Einfluß auf das Ergebnis der Netzausgleichung, wenn nur die gleiche Fehlerquadratsumme zum Minimum gemacht wird. Diese Überlegung kann etwa noch durch folgende kleine Rechnung gestützt werden.

1) In [1], S. 110. 2) Vgl. [29], S. 7.

Ein Netz von zwei Dreiecken gemäß Abb. B, 24 werde zunächst mit gleichgewichtigen Richtungsverbesserungen in einem Guß ausgeglichen; dabei erhält man bekanntlich

$$K_1 = -\frac{3}{16} w_1 - \frac{1}{16} w_2 \qquad \text{(B, 75)}$$
$$K_2 = -\frac{1}{16} w_1 - \frac{3}{16} w_2$$

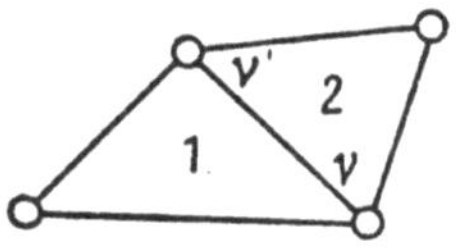

Abb. B. 24
Einfache Dreieckskette aus zwei Dreiecken

Wir gleichen nun Dreieck 1 als Teilnetz I für sich aus, ebenso Dreieck 2 als Teilnetz II, mit den Gewichtsannahmen $p_1 = \frac{1}{a}$ in Teilnetz I, $p_2 = \frac{1}{b}$ in Teilnetz II für die beiden gemeinsamen Richtungen. Erhält man für die Verbesserung v_ν aus Teilnetz I den Wert x_1, aus Teilnetz II den Wert x_2 und entsprechend die Werte y_1 und y_2 für v_ν', so hat man noch die beiden Bedingungen

$$x_1 = x_2 \qquad \text{und} \qquad y_1 = y_2$$

hinzuzunehmen, um dieselben Ergebnisse wie vorher zu erhalten. Nennt man die Korrelaten dieser beiden Bedingungsgleichungen K_x und K_y, so ergeben sich die Normalgleichungen

$$\text{(B, 76)} \qquad \begin{aligned} (4+2a)K_1 + aK_x - aK_y + w_1 &= 0 \\ (4+2b)K_2 + bK_x - bK_y + w_2 &= 0 \\ aK_1 + bK_2 + (a+b)K_x &= 0 \\ -aK_1 - bK_2 + (a+b)K_y &= 0 \end{aligned}$$

Hieraus ergibt sich sogleich $K_x = -K_y$. Man kann daher die letzte Normalgleichung fortlassen und erhält nach Division der beiden ersten Normalgleichungen durch 2 als Matrix des aufzulösenden Gleichungssystems

$$\begin{array}{cccc} \underbrace{K_1} & \underbrace{K_2} & \underbrace{K_x} & \end{array}$$
$$\begin{pmatrix} 2+a & \cdot & a & \frac{w_1}{2} \\ \cdot & 2+b & b & \frac{w_2}{2} \\ a & b & a+b & \cdot \end{pmatrix}$$

mit der Determinante $D = 4(a+b+ab)$. Es ist demnach etwa

$$K_1 = -\left(\frac{1}{4} - \frac{ab}{2D}\right) w_1 - \frac{ab}{2D} w_2$$

Damit sich gemäß (B, 75) ergibt $K_1 = -\frac{3}{16} w_1 - \frac{1}{16} w_2$, muß also sein

$$\frac{ab}{2D} = \frac{ab}{8(a+b+ab)} = \frac{1}{16},$$

das heißt

$$a + b = ab \qquad \text{oder:} \qquad \frac{1}{a} + \frac{1}{b} = 1$$

Die Summe der Gewichte muß demnach gleich 1 sein.

L. Asplund bemerkt[1]), der Vorschlag von O. Eggert, die zwei benachbarten Teilketten angehörenden Richtungen in jeder einzelnen Kette mit dem Gewicht $\frac{1}{2}$ in die Ausgleichung einzuführen, stelle kein strenges Verfahren, sondern nur eine Approximation dar. Nach dem obigen ist jedoch die Gewichtsfestsetzung $\frac{1}{2}$ für die gemeinsamen Richtungen jedenfalls dann als ein strenges Verfahren zu betrachten, wenn die beiden benachbarten Ketten in einem einzigen Messungsvorgang bearbeitet sind. Allerdings müssen dann noch, wie O. Eggert bei der Schilderung seines Verfahrens in [28] angab, für die beiden gemeinsamen Richtungen in jeder Kette „zwei neue Funktionen, z. B. t und u bzw. t' und u', aufgestellt werden, und man hat dann zu den Bedingungsgleichungen

[1]) In [13], S. 18.

des ganzen Netzes noch die Zwangsbedingungen $t = t'$ und $u = u'$ hinzuzufügen, durch die die beiden gemeinsamen Richtungen in beiden Ketten dieselben Verbesserungen erhalten"[1]), so wie es auch für das obige kleine Netz geschehen ist.

Gehören die gemeinsamen Richtungen Ketten bzw. Netzen an, die unabhängig voneinander, womöglich nicht einmal nach der gleichen Methode, beobachtet wurden, so wird die Frage völliger Strenge selbst bei Ausgleichung in einem Guß häufig problematisch sein.

Zu dem, was L. ASPLUND an Stelle von O. EGGERTS Darstellung seines Verfahrens in [13], S. 17, als „Strenge Methode" bezeichnet, ist mit Sicherheit anzunehmen, daß O. EGGERT sein Verfahren eben in dieser Form angewendet wissen wollte[2]), was allerdings aus den verhältnismäßig kurzen Schilderungen, die O. EGGERT von seinem Verfahren gegeben hat, nicht klar hervorgeht. Auch bei der Bamberger II. Ausgleichung des Zentraleuropäischen Dreiecksnetzes ist, wie mir H. WOLF brieflich mitteilte, bereits vor Bekanntwerden der ASPLUNDschen Veröffentlichung in dieser Weise verfahren worden.

---

[1]) Wörtlich zitiert aus [28], S. 479/480.

[2]) Nämlich soweit sich dies auf die Einführung fingierter Beobachtungen bezieht, deren Werte den aus den vorläufigen Kettenausgleichungen hervorgegangenen Funktionswerten $\bar{x}$, $\bar{y}$ ... entsprechen.

Abschnitt C

K. FRIEDRICH, Berichtigung eines Formelsystems von O. v. GRUBER zum Zusammenschluß nach dem Entwickelungsverfahren ausgeglichener Teilnetze[1]

Zum rascheren Verständnis der an sich nicht für den Druck bestimmten FRIEDRICHschen Niederschrift halte ich folgende Erläuterungen für angebracht.

Skizze C, 1 zu dem ersten Beispiel von FRIEDRICH ist die Punktdarstellung der mit gleichgewichtigen Richtungsverbesserungen gebildeten Winkelnormalgleichungen eines aus den Dreiecken 1, 2 und 4 bestehenden, demnach dreistrahligen Zentralsystems. Die Normalgleichungen sind durch 2 dividiert gedacht, so daß die Größen w_a, w_b, w_d eigentlich die halben Widersprüche darstellen.

Bei dem zweiten Beispiel von FRIEDRICH handelt es sich um die Anwendung des v. GRUBERschen Verfahrens auf die Winkelnormalgleichungen eines kleinen, ebenfalls mit gleichgewichtigen Richtungsverbesserungen auszugleichenden Dreiecksnetzes, das von zwei je aus drei und vier Dreiecken bestehenden Zentralsystemen gebildet wird, die die beiden Dreiecke 1 und 2 gemeinsam haben; daher besteht die Punktdarstellung dieses Netzes aus je einer Dreiecks- und Vierecksmasche, die die Punkte 1 und 2 gemeinsam haben.

Die von FRIEDRICH angeführten Koeffizienten der unbestimmten Auflösung des Gesamtsystems bzw. der Teilsysteme können bei Benutzung des FRIEDRICHschen Determinantenverfahrens mit Hilfe der bekannten Zahlenreihe $N = 1, 3, 8, 21, 55, 144 \ldots$ aus den betreffenden Punktdarstellungen teils unmittelbar abgelesen, teils mit Hilfe einer geringfügigen Zwischenrechnung bestimmt werden[2].

Bezeichnet man z. B. in Beispiel 2 von FRIEDRICH die Determinante der Winkelnormalgleichungen der durch Weglassung der Verbindung 1,2 entstehenden Fünfecksmasche mit Δ_5, so hat man zunächst

$$\Delta_5 = N_6 - N_4 - 2 = 144 - 21 - 2 = 121,$$

ein Wert, den man auch als $D_{5,3}$ in der Determinantentabelle (S. 30) findet. Für die Determinante D des gesamten Systems der Winkelnormalgleichungen ergibt sich dann durch „Einziehen" der Verbindung 1, 2

$$D = \Delta_5 - N_2 \cdot N_3 - 2N_2 - 2N_3 = 121 - 3 \cdot 8 - 2 \cdot 3 - 2 \cdot 8 = 75;$$

ferner z. B.

$$[aa] = \frac{N_5}{D} = \frac{55}{75} = \frac{11}{15} = [\beta\beta]$$

$$[\gamma\gamma] = \frac{\Delta_4}{D} = \frac{45}{75} = \frac{9}{15}$$

$$[a\beta] = \frac{N_2 \cdot N_3 + N_2 + N_3}{D} = \frac{35}{75} = \frac{7}{15} \quad \text{(3 Verbindungswege)}$$

$$[\gamma\delta] = \frac{N_2 + N_3 + N_2 + N_1}{D} = \frac{15}{75} = \frac{3}{15} \quad \text{(4 Verbindungswege) usw.}$$

Die Formelnummern beziehen sich auf die v. GRUBERsche Abhandlung.

W. JENNE

---

[1]) Vgl. [13], Abschnitt III, S. 165.

[2]) Vgl. Abschnitt A der vorliegenden Abhandlung oder auch [12], Satz 1 bis 4, S. 75/76.

I. Erstes Beispiel

Nachstehend werden die Bezeichnungen der Festschrift verwendet, z. B. $[\alpha'\alpha']$ statt $f_{1.1}$ usw.

Gesamtsystem: Entsprechend nebenstehender Skizze 1 ein Dreieck, dessen Punkte 1 und 2 das erste Teilsystem bilden; das zweite Teilsystem besteht nur aus dem Punkt 4.

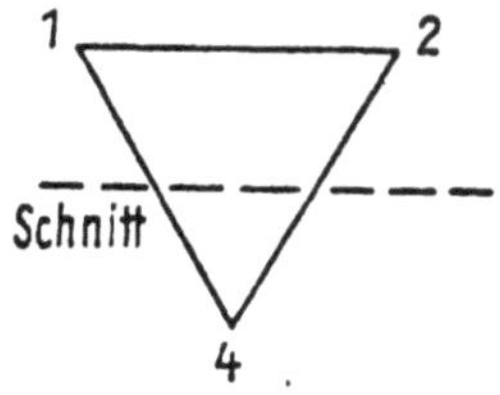

Skizze C, 1

Normalgleichungen:

$$\left.\begin{aligned} 3k_1 - k_2 &= -w_a + k_4 \\ 3k_2 - k_1 &= -w_b + k_4 \end{aligned}\right\} \text{ I. Teilsystem}$$

$$3k_4 = -w_d + k_1 + k_2 \} \text{ II. Teilsystem}$$

Koeffizienten der Teilsysteme:

$$[\alpha'\alpha'] = [\beta'\beta'] = \frac{3}{8}$$

$$[\alpha'\beta'] = \frac{1}{8}; \quad [\delta'\delta'] = \frac{1}{3}$$

Zwischenkorrelaten:

$$z_{1.4} = z_{2.4} = \frac{1}{2}$$

$$z_{4.1} = z_{4.2} = \frac{1}{3}$$

Koeffizienten des Gesamtsystems:

$$[\alpha\alpha] = [\beta\beta] = [\delta\delta] = \frac{1}{2}$$

$$[\alpha\beta] = [\alpha\delta] = [\beta\delta] = \frac{1}{4}$$

Prüfung der Gleichungen (24):

$$+z_{1.4} = -[\alpha'\alpha'][ad] - [\alpha'\beta'][bd] = \frac{3}{8} + \frac{1}{8} = \frac{1}{2} \quad \text{usw.}$$

Prüfung der Gleichungen (25) und (26):

$$-[\alpha\alpha] + z_{1.4}[\alpha\delta] + [\alpha'\alpha'] = -\frac{1}{2} + \frac{1}{2}\cdot\frac{1}{4} + \frac{3}{8} = 0. \quad \text{Ferner etwa}$$

$$z_{4.1}^2[\alpha\alpha] + 2z_{4.1}z_{4.2}[\alpha\beta] + z_{4.2}^2[\beta\beta] - [\delta\delta] + [\delta'\delta']$$
$$= \frac{1}{9}\cdot\frac{1}{2} + 2\cdot\frac{1}{3}\cdot\frac{1}{3}\cdot\frac{1}{4} + \frac{1}{9}\cdot\frac{1}{2} - \frac{1}{2} + \frac{1}{3} = 0 \quad \text{usw.}$$

Prüfung der Gleichungen (27):

$$[\alpha\alpha]\left\{1 - (z_{4.1}\cdot z_{1.4})^2\right\} = [\alpha'\alpha'](1 + z_{4.1}z_{1.4}) + [\alpha'\beta']z_{4.2}z_{1.4}$$
$$= [\alpha\alpha]\left\{1 - \left(\frac{1}{3}\cdot\frac{1}{2}\right)^2\right\} = \frac{3}{8}\left(1 + \frac{1}{3}\cdot\frac{1}{2}\right) + \frac{1}{8}\cdot\frac{1}{3}\cdot\frac{1}{2}$$

Daher $\underline{\underline{[\alpha\alpha]}} = \underline{\underline{\frac{33}{70}}}$ an Stelle des richtigen Wertes $\underline{\underline{\frac{35}{70} = \frac{1}{2}}}$

Ferner soll sein:

$$[\alpha\beta]\{1 - (z_{4.1}z_{1.4}z_{4.2}z_{2.4} + z_{4.1}z_{2.4}z_{4.2}z_{1.4})\} = [\alpha'\beta'](1 + z_{4.1}z_{1.4}) + [\beta'\beta']z_{4.2}z_{1.4}$$
$$= [\alpha'\alpha']z_{4.1}z_{2.4} + [\alpha'\beta'](1 + z_{4.2}z_{1.4})$$
$$= [\alpha\beta]\left\{1 - \left(\frac{1}{6}\cdot\frac{1}{6} + \frac{1}{6}\cdot\frac{1}{6}\right)\right\} = \frac{1}{8}\left(1 + \frac{1}{6}\right) + \frac{3}{8}\cdot\frac{1}{6} = \frac{3}{8}\cdot\frac{1}{6} + \frac{1}{8}\left(1 + \frac{1}{6}\right)$$

Daher $\underline{\underline{[\alpha\beta]}} = \underline{\underline{\frac{15}{68}}}$ an Stelle von $\underline{\underline{\frac{17}{68} = \frac{1}{4}}}$

Schließlich ist: $[\delta\delta]\left\{1-(z_{1.4}z_{4.1}+z_{2.4}z_{4.2})^2\right\}=[\delta'\delta'](1+z_{1.4}z_{4.1}+z_{2.4}z_{4.2})$

$$=[\delta\delta]\left\{1-\left(\frac{1}{2}\cdot\frac{1}{3}+\frac{1}{2}\cdot\frac{1}{3}\right)^2\right\}=\frac{1}{3}\left(1+\frac{1}{2}\cdot\frac{1}{3}+\frac{1}{2}\cdot\frac{1}{3}\right)$$

Daher, da das II. Teilsystem nur eine Unbekannte hat, richtig:

$$[\delta\delta]=\frac{1}{2}$$

II. Zweites Beispiel

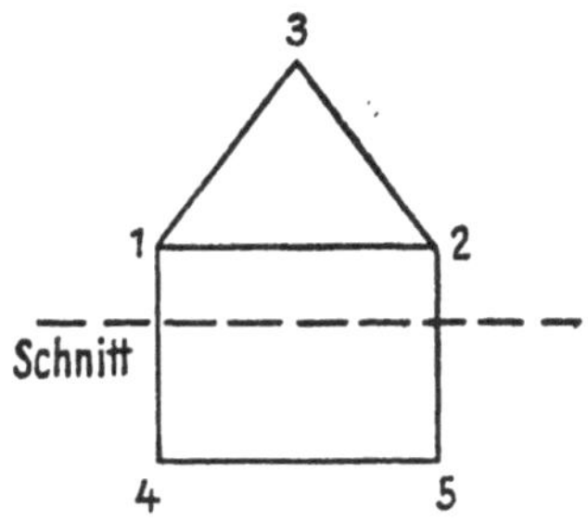

Skizze C, 2

Nebenstehende Punktdarstellung eines kleinen Netzes,

I. Teilsystem hat die Punkte 1, 2, 3,

II. Teilsystem hat die Punkte 4, 5.

Normalgleichungen:

$$\left.\begin{aligned}3k_1-k_2-k_3&=-w_a+k_4\\3k_2-k_1-k_3&=-w_b+k_5\\3k_3-k_1-k_2&=-w_c\end{aligned}\right\}\text{ I. Teilsystem}\qquad\left.\begin{aligned}3k_4-k_5&=-w_d+k_1\\3k_5-k_4&=-w_e+k_2\end{aligned}\right\}\text{ II. Teilsystem}$$

Koeffizienten der Teilsysteme:

$$[\alpha'\alpha']=[\beta'\beta']=[\gamma'\gamma']=\frac{1}{2}$$

$$[\alpha'\beta']=[\alpha'\gamma']=[\beta'\gamma']=\frac{1}{4}$$

$$[\delta'\delta']=[\varepsilon'\varepsilon']=\frac{3}{8}$$

$$[\delta'\varepsilon']=\frac{1}{8}$$

Koeffizienten des Gesamtsystems:

	α	β	γ	δ	ε
α	$\frac{11}{15}$	$\frac{7}{15}$	$\frac{6}{15}$	$\frac{5}{15}$	$\frac{4}{15}$
β		$\frac{11}{15}$	$\frac{6}{15}$	$\frac{4}{15}$	$\frac{5}{15}$
γ			$\frac{9}{15}$	$\frac{3}{15}$	$\frac{3}{15}$
δ				$\frac{8}{15}$	$\frac{4}{15}$
ε					$\frac{8}{15}$

Zwischenkorrelaten:

$z_{1.4}=\frac{1}{2}$	$z_{1.5}=\frac{1}{4}$	$z_{4.1}=\frac{3}{8}$	$z_{4.2}=\frac{1}{8}$
$z_{2.4}=\frac{1}{4}$	$z_{2.5}=\frac{1}{2}$	$z_{5.1}=\frac{1}{8}$	$z_{5.2}=\frac{3}{8}$
$z_{3.4}=\frac{1}{4}$	$z_{3.5}=\frac{1}{4}$		

Prüfung der Gleichungen (24):

$z_{1.4}=-[\alpha'\alpha'][ad]-[\alpha'\beta'][bd]-[\alpha'\gamma'][cd]$. Mithin wegen $[bd]=[cd]=0$

$z_{1.4}=\frac{1}{2}$ usw.

Prüfung der Gleichungen (25) und (26):

$[\delta\delta]=[\delta'\delta']+z_{4.1}[\alpha\delta]+z_{4.2}[\beta\delta]+z_{4.3}[\gamma\delta]$, daher wegen $z_{4.3}=0$

$$\frac{8}{15}=\frac{3}{8}+\frac{3}{8}\cdot\frac{5}{15}+\frac{1}{8}\cdot\frac{4}{15}\quad\text{usw.}$$

$$[\alpha\alpha]=[\alpha'\alpha']+(z_{1.4})^2[\delta\delta]+2z_{1.4}z_{1.5}[\delta\varepsilon]+(z_{1.5})^2[\varepsilon\varepsilon]$$

$$=\frac{11}{15}=\frac{1}{2}+\frac{1}{4}\cdot\frac{8}{15}+2\cdot\frac{1}{2}\cdot\frac{1}{4}\cdot\frac{4}{15}+\left(\frac{1}{4}\right)^2\frac{8}{15}\quad\text{usw.}$$

Prüfung der Gleichungen (27):

$$[\alpha\alpha]\left\{1-(z_{4.1}z_{1.4}+z_{5.1}z_{1.5})^2\right\}=[\alpha'\alpha'](1+z_{4.1}z_{1.4}+z_{5.1}z_{1.5})+[\alpha'\beta'](z_{4.2}z_{1.4}+z_{5.2}z_{1.5})$$

$$=[\alpha\alpha]\left[1-\left(\frac{3}{8}\cdot\frac{1}{2}+\frac{1}{8}\cdot\frac{1}{4}\right)^2\right]=\frac{1}{2}\left(1+\frac{3}{8}\cdot\frac{1}{2}+\frac{1}{8}\cdot\frac{1}{4}\right)+\frac{1}{4}\left(\frac{1}{8}\cdot\frac{1}{2}+\frac{3}{8}\cdot\frac{1}{4}\right)$$

$$=[\alpha\alpha]\left(1-\frac{49}{1024}\right)=\frac{664}{1024}.\quad\text{Mithin}$$

$$\underline{\underline{[\alpha\alpha]=\frac{664}{975}}}\qquad\text{an Stelle von}\qquad\underline{\underline{\frac{715}{975}=\frac{11}{15}}}$$

Ferner soll sein etwa:

$$[\delta\delta]\left\{1-(z_{1.4}z_{4.1}+z_{2.4}z_{4.2})^2\right\}=[\delta'\delta'](1+z_{1.4}z_{4.1}+z_{2.4}z_{4.2})+[\delta'\varepsilon'](z_{1.5}z_{4.1}+z_{2.5}z_{4.2})$$

$$=[\delta\delta]\left[1-\left(\frac{1}{2}\cdot\frac{3}{8}+\frac{1}{4}\cdot\frac{1}{8}\right)^2\right]=\frac{3}{8}\left(1+\frac{1}{2}\cdot\frac{3}{8}+\frac{1}{4}\cdot\frac{1}{8}\right)+\frac{1}{8}\left(\frac{1}{4}\cdot\frac{3}{8}+\frac{1}{2}\cdot\frac{1}{8}\right)$$

$$=[\delta\delta]\left(1-\frac{49}{1024}\right)=\frac{488}{1024}.\quad\text{Mithin}$$

$$\underline{\underline{[\delta\delta]=\frac{488}{975}}}\qquad\text{an Stelle von}\qquad\underline{\underline{\frac{520}{975}=\frac{8}{15}}}$$

Ebenso ergeben die Gleichungen (27) auch für die übrigen Werte $[\alpha\beta]$ usw. falsche Zahlen.

III. Allgemeiner Beweis für die Unstimmigkeit der Gleichungen (27)

Es ist

$$\begin{aligned}k_1&=[\alpha'\alpha']w_a+[\alpha'\beta']w_b+z_{1.4}k_4+z_{1.5}k_5+[\alpha'\gamma']w_c\\k_2&=[\alpha'\beta']w_a+[\beta'\beta']w_b+z_{2.4}k_4+z_{2.5}k_5+[\beta'\gamma']w_c\\k_3&=[\alpha'\gamma']w_a+[\beta'\gamma']w_b+z_{3.4}k_4+z_{3.5}k_5+[\gamma'\gamma']w_c\end{aligned}$$

Ferner

$$\begin{aligned}k_4&=[\delta'\delta']w_d+[\delta'\varepsilon']w_e+z_{4.1}k_1+z_{4.2}k_2+z_{4.3}k_3\\k_5&=[\delta'\varepsilon']w_d+[\varepsilon'\varepsilon']w_e+z_{5.1}k_1+z_{5.2}k_2+z_{5.3}k_3\end{aligned}$$

Setzt man k_1 und k_2 in die zweite Gruppe von Gleichungen ein, so erhält man zwei Gleichungen mit zwei Unbekannten. Ist $k_4=[\delta\delta]$ und $k_5=[\delta\varepsilon]$, so folgt:

$$\begin{aligned}&[\delta\delta]-\left\{[\delta\delta][z_{s.4}z_{4.s}]+[\delta\varepsilon][z_{s.5}z_{4.s}]\right\}=[\delta'\delta']\\&[\delta\varepsilon]-\left\{[\delta\delta][z_{s.4}z_{5.s}]+[\delta\varepsilon][z_{s.5}z_{5.s}]\right\}=[\delta'\varepsilon']\end{aligned}$$

(A) Ist weiterhin $k_4=[\delta\varepsilon]$ und $k_5=[\varepsilon\varepsilon]$, so folgt

$$\begin{aligned}&[\delta\varepsilon]-\left\{[\delta\varepsilon][z_{s.4}z_{4.s}]+[\varepsilon\varepsilon][z_{s.5}z_{4.s}]\right\}=[\delta'\varepsilon']\\&[\varepsilon\varepsilon]-\left\{[\delta\varepsilon][z_{s.4}z_{5.s}]+[\varepsilon\varepsilon][z_{s.5}z_{5.s}]\right\}=[\varepsilon'\varepsilon']\end{aligned}$$

Von diesen Gleichungen (A) wird später noch Gebrauch gemacht werden. Zunächst hat man mit den Zahlen des zweiten Beispiels:

$$z_{s.4}z_{4.s}=z_{1.4}z_{4.1}+z_{2.4}z_{4.2}\ (\text{da } z_{4.3}=0)=\frac{1}{2}\cdot\frac{3}{8}+\frac{1}{4}\cdot\frac{1}{8}=\frac{7}{32}\quad\text{und}$$

$$z_{s.5}z_{4.s}=z_{1.5}z_{4.1}+z_{2.5}z_{4.2}=\frac{1}{4}\cdot\frac{3}{8}+\frac{1}{2}\cdot\frac{1}{8}=\frac{5}{32}.$$ Daher soll z. B. sein

$$[\delta\delta]=\frac{8}{15}=\frac{3}{8}+\left\{\frac{8}{15}\cdot\frac{7}{32}+\frac{4}{15}\cdot\frac{5}{32}\right\}$$

Die Gleichungen (A) geben mithin richtige Werte.

Zufolge der ersten Gleichung (A) ist

$$\Delta[\delta\delta]=[\delta'\delta']\left\{1-[z_{s.5}z_{5.s}]\right\}+[\delta'\varepsilon'][z_{s.5}z_{4.s}],$$

wo

$$\Delta=(1-[z_{s.4}z_{4.s}])(1-[z_{s.5}z_{5.s}])-[z_{s.5}z_{4.s}][z_{s.4}z_{5.s}]$$

Daher ist in der Formel für $[\delta\delta]$ der Koeffizient von $[\delta'\delta']$ gleich

$$\frac{1-[z_{s.5}z_{5.s}]}{\Delta} = \frac{1}{1-[z_{s.4}z_{4.s}]-F}$$

Gemäß (27) müßte aber der Faktor von $[\delta'\delta']$ sein:

$$\frac{1+[z_{s.4}z_{4.s}]}{1-[z_{s.4}z_{4.s}]^2} = \frac{1}{1-[z_{s.4}z_{4.s}]}$$

Somit ist um den Fehlerbetrag $F = \frac{[z_{s.5}z_{4.s}][z_{s.4}z_{5.s}]}{1-[z_{s.5}z_{5.s}]}$ der Nenner des Faktors von $[\delta'\delta']$ falsch. Auf ähnliche Weise beweist man allgemein, daß die übrigen Faktoren der Werte $[\alpha'\beta']$ usw. in den Gleichungen (27) nicht richtig sind.

IV. Der bei der Entwickelung der Gleichungen (27) gemachte Rechenfehler. Berichtigung dieser Gleichungen

Setzt man etwa in die 7. Gleichung des Systems (26):

$$z_{4.1}^2[\alpha\alpha] + 2z_{4.1}z_{4.2}[\alpha\beta] + 2z_{4.1}z_{4.3}[\alpha\gamma] + z_{4.2}^2[\beta\beta] + 2z_{4.2}z_{4.3}[\beta\gamma] + z_{4.3}^2[\gamma\gamma] - [\delta\delta] + [\delta'\delta'] = 0$$

die Werte von $[\alpha\alpha]$, $[\alpha\beta]$ ... aus den vorhergehenden Gleichungen ein, so erhält man:

$$\begin{aligned} & z_{4.1}^2(z_{1.4}^2[\delta\delta] + 2z_{1.4}z_{1.5}[\delta\varepsilon] + z_{1.5}^2[\varepsilon\varepsilon]) + 2z_{4.1}z_{4.2}(z_{1.4}z_{2.4}[\delta\delta] + (z_{1.4}z_{2.5} + z_{1.5}z_{2.4})[\delta\varepsilon] \\ & + z_{1.5}z_{2.5}[\delta\varepsilon]) + 2z_{4.1}z_{4.3}(z_{1.4}z_{3.4}[\delta\delta] + (z_{1.4}z_{3.5} + z_{1.5}z_{3.4})[\delta\varepsilon] + z_{1.5}z_{3.5}[\varepsilon\varepsilon]) \\ & + 2z_{4.2}z_{4.3}(z_{2.4}z_{3.4}[\delta\delta] + (z_{2.4}z_{3.5} + z_{2.5}z_{3.4})[\delta\varepsilon] + z_{2.5}z_{3.5}[\varepsilon\varepsilon]) + z_{4.3}^2(z_{3.4}^2[\delta\delta] + 2z_{3.4}z_{3.5}[\delta\varepsilon] \\ & + z_{3.5}^2[\varepsilon\varepsilon]) + z_{4.2}^2(z_{2.4}^2[\delta\delta] + 2z_{2.4}z_{2.5}[\delta\varepsilon] + z_{2.5}^2[\varepsilon\varepsilon]) + Q - [\delta\delta] + [\delta'\delta'] = 0 \end{aligned}$$

$$Q = z_{4.1}^2[\alpha'\alpha'] + 2z_{4.1}z_{4.2}[\alpha'\beta'] + 2z_{4.1}z_{4.3}[\alpha'\gamma'] + z_{4.2}^2[\beta'\beta'] + 2z_{4.2}z_{4.3}[\beta'\gamma'] + z_{4.3}^2[\gamma'\gamma']$$

(B) oder $[\delta\delta]\{1-[z_{s.4}\cdot z_{4.s}]^2\} - 2[\delta\varepsilon][z_{s.4}z_{4.s}][z_{s.5}z_{4.s}] - [\varepsilon\varepsilon][z_{s.5}z_{4.s}] = [\delta'\delta'] + Q$

Q läßt sich umformen wie folgt:

$$\begin{aligned} Q = {} & z_{4.1}\{z_{4.1}[\alpha'\alpha'] + z_{4.2}[\alpha'\beta'] + z_{4.3}[\alpha'\gamma']\} + z_{4.2}\{z_{4.1}[\alpha'\beta'] + z_{4.2}[\beta'\beta'] + z_{4.3}[\beta'\gamma']\} \\ & + z_{4.3}\{z_{4.1}[\alpha'\gamma'] + z_{4.2}[\beta'\gamma'] + z_{4.3}[\gamma'\gamma']\} = R + S + T \end{aligned}$$

Man hat, wenn man statt $[\alpha'\alpha']$, $[\alpha'\beta']$ ... die Werte aus (25) einführt,

$$\begin{aligned} R &= z_{4.1}\{z_{4.1}([\alpha\alpha] - z_{1.4}[\alpha\delta] - z_{1.5}[\alpha\varepsilon]) + z_{4.2}([\alpha\beta] - z_{1.4}[\beta\delta] - z_{1.5}[\beta\varepsilon]) \\ & \qquad + z_{4.3}([\alpha\gamma] - z_{1.4}[\gamma\delta] - z_{1.5}[\gamma\varepsilon])\} \\ &= z_{4.1}\{z_{4.1}[\alpha\alpha] + z_{4.2}[\alpha\beta] + z_{4.3}[\alpha\gamma] - z_{1.4}(z_{4.1}[\alpha\delta] + z_{4.2}[\beta\delta] + z_{4.3}[\gamma\delta]) \\ & \qquad - z_{1.5}(z_{4.1}[\alpha\varepsilon] + z_{4.2}[\beta\varepsilon] + z_{4.3}[\gamma\varepsilon])\} \end{aligned}$$

oder unter nochmaliger Verwendung der Gleichung (25)

$R = z_{4.1}\{[\alpha\delta] - z_{1.4}([\delta\delta] - [\delta'\delta']) - z_{1.5}([\delta\varepsilon] - [\delta'\varepsilon'])\}$ Entsprechend wird:

$S = z_{4.2}\{[\beta\delta] - z_{2.4}([\delta\delta] - [\delta'\delta']) - z_{2.5}([\delta\varepsilon] - [\delta'\varepsilon'])\}$ und

$T = z_{4.3}\{[\gamma\delta] - z_{3.4}([\delta\delta] - [\delta'\delta']) - z_{3.5}([\delta\varepsilon] - [\delta'\varepsilon'])\}$ Mithin, da

$$z_{4.1}[\alpha\delta] + z_{4.2}[\beta\delta] + z_{4.3}[\gamma\delta] = [\delta\delta] - [\delta'\delta']$$

$$\begin{aligned} R + S + T = Q &= [\delta\delta] - [\delta'\delta'] - [z_{s.4}z_{4.s}][\delta\delta] + [z_{s.4}z_{4.s}][\delta'\delta'] - [z_{s.5}z_{4.s}][\delta\varepsilon] + [z_{s.5}z_{4.s}][\delta'\varepsilon'] \\ &= \underbrace{[\delta\delta]\{1-[z_{s.4}z_{4.s}]\} - [z_{s.5}z_{4.s}][\delta\varepsilon] - [\delta'\delta']} + [\delta'\delta'][z_{s.4}z_{4.s}] + [\delta'\varepsilon'][z_{s.5}z_{4.s}] \end{aligned}$$

Der vordere Teil ist gemäß Gleichung (A) gleich Null.

Demnach erhält man als umgeformte Gleichung (B):

$$[\delta\delta]\left\{1-[z_{s.4}\,z_{4.s}]^2\right\}-2[\delta\varepsilon]\,[z_{s.4}\,z_{4.s}]\,[z_{s.5}\,z_{4.s}]-[\varepsilon\varepsilon]\,[z_{s.5}\,z_{4.s}]$$
$$=[\delta'\delta']\,(1+[z_{s.4}\,z_{4.s}])+[\delta'\varepsilon']\,[z_{s.5}\,z_{4.s}]$$

Diese Gleichung ist identisch mit der ersten Gleichung (27) oder (29), wenn man den Fehler begeht und außer $[\delta\delta]$ alle übrigen Unbekannten, in diesem Falle $[\delta\varepsilon]$ und $[\varepsilon\varepsilon]$, fortläßt.

Setzt man wieder die Zahlen des zweiten Beispiels ein, so ergibt sich jetzt als berichtigte Gleichung (27):

$$\frac{8}{15}\left\{1-\left(\frac{1}{2}\cdot\frac{3}{8}+\frac{1}{4}\cdot\frac{1}{8}\right)^2\right\}-2\cdot\frac{4}{15}\left(\frac{3}{16}+\frac{1}{32}\right)\left(\frac{1}{4}\cdot\frac{3}{8}+\frac{1}{2}\cdot\frac{1}{8}\right)-\frac{8}{15}\left(\frac{3}{32}+\frac{1}{16}\right)^2$$
$$=\frac{3}{8}\left(1+\frac{1}{2}\cdot\frac{3}{8}+\frac{1}{4}\cdot\frac{1}{8}\right)+\frac{1}{8}\left(\frac{1}{4}\cdot\frac{3}{8}+\frac{1}{2}\cdot\frac{1}{8}\right)$$

Was vorstehend für die erste Gleichung (27) bewiesen wurde, gilt für sämtliche neun Gleichungen dieses Systems.

Die richtigen Gleichungen (27) oder (29) geben also 2 Gruppen von Gleichungen, nämlich

3 Gleichungen mit den Unbekannten $[\delta\delta]$, $[\delta\varepsilon]$, $[\varepsilon\varepsilon]$ und

6 Gleichungen mit den Unbekannten $[\alpha\alpha]$, $[\alpha\beta]$, $[\alpha\gamma]$, $[\beta\beta]$, $[\beta\gamma]$, $[\gamma\gamma]$.

Hat demnach das Gesamtsystem von $\mu+\nu$ Gleichungen die beiden Teilsysteme von je μ und je ν Gleichungen, so hat man aufzulösen ein System von $\frac{\mu(\mu+1)}{1.2}$ und ein System von $\frac{\nu(\nu+1)}{1.2}$ Gleichungen.

Dagegen hat man zufolge der Gleichungen A aufzulösen: beim allgemeinen Fall nur μ Gleichungen $(\mu<\nu)$ und beim 2-Gruppenverfahren ebenfalls μ Gleichungen, ferner bei dem besonderen Fall der Winkelnormalgleichungen zufolge den Gleichungen (A) nur so viel Gleichungen, als die Punktdarstellung Verbindungslinien zwischen den Teilsystemen hat, während dabei die Zahl der Gleichungen der Teilsysteme beliebig groß sein kann.

Berücksichtigt man noch den schwierigen Aufbau der berichtigten Gleichungen (27), so leuchtet ein, daß diese Lösung für praktische Anwendungen nicht in Frage kommen kann.

V. Die Vorteile der symbolischen Multiplikation

In IV. wurde diejenige Gleichung des berichtigten Systems (27) abgeleitet, bei der die geringste Rechenarbeit erforderlich ist. Ersichtlich sind die Rechnungen langwierig, wenig übersichtlich und geben leicht zu Rechenfehlern Anlaß.

Zunächst läßt sich das System (26) symbolisch schreiben wie folgt, falls z. B. $\underset{\smile}{\alpha\alpha}$ geschrieben wird statt $[\alpha\alpha]-[\alpha'\alpha']$:

$$\text{(26)}\quad\begin{aligned}
\underset{\smile}{\alpha\alpha}&=(z_{1.4}\delta+z_{1.5}\varepsilon)^2 & \underset{\smile}{\delta\delta}&=(z_{4.1}\alpha+z_{4.2}\beta+z_{4.3}\gamma)^2\\
\underset{\smile}{\alpha\beta}&=(z_{1.4}\delta+z_{1.5}\varepsilon)\,(z_{2.4}\delta+z_{2.5}\varepsilon) & \underset{\smile}{\delta\varepsilon}&=(z_{4.1}\alpha+z_{4.2}\beta+z_{4.3}\gamma)\,(z_{5.1}\alpha+z_{5.2}\beta+z_{5.3}\gamma)\\
\underset{\smile}{\alpha\gamma}&=(z_{1.4}\delta+z_{1.5}\varepsilon)\,(z_{3.4}\delta+z_{3.5}\varepsilon) & \underset{\smile}{\varepsilon\varepsilon}&=(z_{5.1}\alpha+z_{5.2}\beta+z_{5.3}\gamma)^2\\
\underset{\smile}{\beta\beta}&=(z_{2.4}\delta+z_{2.5}\varepsilon)^2 & &\\
\underset{\smile}{\beta\gamma}&=(z_{2.4}\delta+z_{2.5}\varepsilon)\,(z_{3.4}\delta+z_{3.5}\varepsilon) & &\\
\underset{\smile}{\gamma\gamma}&=(z_{3.4}\delta+z_{3.5}\varepsilon)^2 & &
\end{aligned}$$

Ferner hat das System (27) folgende symbolische Form:

$$[\delta\delta] - \{[z_{s.4}z_{4.s}]\delta + [z_{s.5}z_{4.s}]\varepsilon\}^2 = [\delta'\delta'] - (z_{4.1}\alpha' + z_{4.2}\beta' + z_{4.2}\gamma')^2$$
$$= [\delta'\delta'](1 + [z_{s.4}z_{4.s}]) + [\delta'\varepsilon'][z_{s.5}z_{4.s}]\,.$$

$$[\delta\varepsilon] - \{[z_{s.4}z_{4.s}]\delta + [z_{s.5}z_{4.s}]\varepsilon\}\{[z_{s.4}z_{5.s}]\delta + [z_{s.5}z_{5.s}]\varepsilon\}$$
$$= [\delta'\varepsilon'] - (z_{4.1}\alpha' + z_{4.2}\beta' + z_{4.3}\gamma')(z_{5.1}\alpha' + z_{5.2}\beta' + z_{5.3}\gamma')$$
$$= [\delta'\varepsilon'](1 + [z_{s.4}z_{4.s}]) + [\varepsilon'\varepsilon'][z_{s.5}z_{4.s}] = [\delta'\delta'][z_{s.4}z_{4.s}] + [\delta'\varepsilon'](1 + z_{s.5}z_{5.s})$$

und so fort.

Diese übersichtliche Form kann man für die fertigen Formeln wählen. Man kann aber bei derartigen Rechnungen auch die umständlichen Entwickelungen durch die symbolische Multiplikation ersetzen. Die Ableitungen werden dann außerordentlich kurz und übersichtlich, alle Zusammenhänge und Symmetrien treten klar hervor, und Rechenfehler können bei diesen mühelosen Operationen kaum auftreten. Die Entwickelung der Gleichungen (27) ist ein Musterbeispiel für diese Behauptungen. Daher soll die entsprechende symbolische Rechnung hier noch kurz Aufnahme finden.

Es werden eingeführt:

als Operatoren mit bekannten Elementen $m = a\alpha' + b\beta' + c\gamma'$
und $n = d\delta' + e\varepsilon'$ und

als Operatoren mit unbekannten Elementen $x = a\alpha + b\beta + c\gamma$
und $y = d\delta + e\varepsilon$

Dann ist z. B. $z_{1.4} = -[\alpha'\alpha'][ad] - [\alpha'\beta'][bd] - [\alpha'\gamma'][cd] = -md\alpha'$, die erste Gleichung (25)
ist $\underset{\smile}{\alpha\alpha} = z_{1.4}[\alpha\delta] + z_{1.5}[\alpha\varepsilon] = md\alpha'\cdot\alpha\cdot\delta + me\alpha'\alpha\varepsilon = my\alpha\alpha'$, die erste Gleichung (26)
ist $\underset{\smile}{\alpha\alpha} = m^2y^2\alpha'\alpha'$ und die erste Gleichung des berichtigten Systems (27)
ist $\underset{\smile}{\alpha\alpha} = m^2n^4\alpha'\alpha'x^2 + m^2n^2\alpha'\alpha'$. Alle diese Beziehungen erhält man, indem man die Klammern fortläßt und durchmultipliziert, als wenn die Elemente $a \ldots \alpha \ldots \alpha' \ldots$ gewöhnliche reelle Größen wären, wobei aber Divisionen, die ja auch nicht erforderlich sind, ausgeschlossen werden.

So ergeben sich folgende Systeme von Gleichungen:

	$-z_{1.4} = m\alpha'd$	$-z_{1.5} = m\alpha'e$	$-z_{4.1} = n\delta'a$	$-z_{5.1} = n\varepsilon'a$
(24)	$-z_{2.4} = m\beta'd$	$-z_{2.5} = m\beta'e$	$-z_{4.2} = n\delta'b$	$-z_{5.2} = n\varepsilon'b$
	$-z_{3.4} = m\gamma'd$	$-z_{3.5} = m\gamma'e$	$-z_{4.3} = n\delta'c$	$-z_{5.3} = n\varepsilon'c$

	$z_{s.4}\cdot z_{4.s} = m^2nd\delta'$	$z_{t.1}\cdot z_{1.t} = mn^2a\alpha'$	$z_{t.2}\cdot z_{1.t} = mn^2b\alpha'$	$z_{t.3}\cdot z_{1.t} = mn^2c\alpha'$
(24 a)	$z_{s.4}\cdot z_{5.s} = m^2nd\varepsilon'$	$z_{t.1}\cdot z_{2.t} = mn^2a\beta'$	$z_{t.2}\cdot z_{2.t} = mn^2b\beta'$	$z_{t.3}\cdot z_{2.t} = mn^2c\beta'$
	$z_{s.5}\cdot z_{4.s} = m^2ne\delta'$	$z_{t.1}\cdot z_{3.t} = mn^2a\gamma'$	$z_{t.2}\cdot z_{3.t} = mn^2b\gamma'$	$z_{t.3}\cdot z_{3.t} = mn^2c\gamma'$
	$z_{s.5}\cdot z_{5.s} = m^2ne\varepsilon'$			

	$\underset{\smile}{\alpha\alpha} = my\alpha\alpha'$	$\underset{\smile}{\delta\delta} = nx\delta\delta'$	$[\alpha\delta] = my\alpha'\delta = nx\alpha\delta'$
	$\underset{\smile}{\alpha\beta} = my\alpha'\beta = my\alpha\beta'$	$\underset{\smile}{\delta\varepsilon} = nx\delta'\varepsilon = nx\delta\varepsilon'$	$[\alpha\varepsilon] = my\alpha'\varepsilon = nx\alpha\varepsilon'$
	$\underset{\smile}{\alpha\gamma} = my\alpha'\gamma = my\alpha\gamma'$	$\underset{\smile}{\varepsilon\varepsilon} = nx\varepsilon\varepsilon'$	$[\beta\delta] = my\beta'\delta = nx\beta\delta'$
(25)	$\underset{\smile}{\beta\beta} = my\beta\beta'$		$[\beta\varepsilon] = my\beta'\varepsilon = nx\beta\varepsilon'$
	$\underset{\smile}{\beta\gamma} = my\beta'\gamma = my\beta\gamma'$		$[\gamma\delta] = my\gamma'\delta = nx\gamma\delta'$
	$\underset{\smile}{\gamma\gamma} = my\gamma\gamma'$		$[\gamma\varepsilon] = my\gamma'\varepsilon = nx\gamma\varepsilon'$

$$(26)\quad \begin{aligned}
\underset{\smile}{\alpha\alpha} &= m^2 y^2 \alpha'\alpha' \\
\underset{\smile}{\alpha\beta} &= m^2 y^2 \alpha'\beta' \\
\underset{\smile}{\alpha\gamma} &= m^2 y^2 \alpha'\gamma' \\
\underset{\smile}{\beta\beta} &= m^2 y^2 \beta'\beta' \\
\underset{\smile}{\beta\gamma} &= m^2 y^2 \beta'\gamma' \\
\underset{\smile}{\gamma\gamma} &= m^2 y^2 \gamma'\gamma'
\end{aligned}
\qquad
\begin{aligned}
\underset{\smile}{\delta\delta} &= n^2 x^2 \delta'\delta' \\
\underset{\smile}{\delta\varepsilon} &= n^2 x^2 \delta'\varepsilon' \\
\underset{\smile}{\varepsilon\varepsilon} &= n^2 x^2 \varepsilon'\varepsilon'
\end{aligned}$$

$$(27)\quad \begin{aligned}
\underset{\smile}{\alpha\alpha} &= m^2 n^4 \alpha'\alpha' x^2 + m^2 n^2 \alpha'\alpha' \\
\underset{\smile}{\alpha\beta} &= m^2 n^4 \alpha'\beta' x^2 + m^2 n^2 \alpha'\beta' \\
\underset{\smile}{\alpha\gamma} &= m^2 n^4 \alpha'\gamma' x^2 + m^2 n^2 \alpha'\gamma' \\
\underset{\smile}{\beta\beta} &= m^2 n^4 \beta'\beta' x^2 + m^2 n^2 \beta'\beta' \\
\underset{\smile}{\beta\gamma} &= m^2 n^4 \beta'\gamma' x^2 + m^2 n^2 \beta'\gamma' \\
\underset{\smile}{\gamma\gamma} &= m^2 n^4 \gamma'\gamma' x^2 + m^2 n^2 \gamma'\gamma' \\
\hline
\underset{\smile}{\delta\delta} &= m^4 n^2 \delta'\delta' y^2 + m^2 n^2 \delta'\delta' \\
\underset{\smile}{\delta\varepsilon} &= m^4 n^2 \delta'\varepsilon' y^2 + m^2 n^2 \delta'\varepsilon' \\
\underset{\smile}{\varepsilon\varepsilon} &= m^4 n^2 \varepsilon'\varepsilon' y^2 + m^2 n^2 \varepsilon'\varepsilon'
\end{aligned}$$

Allerdings darf man diese Beziehungen nur mit einem gewissen Vorbehalt gebrauchen, da man bei der symbolischen Rechnung nicht beliebig d i s t r i b u t i v multiplizieren darf. Man hat daher nachträglich noch die Reihenfolge, in der die Multiplikationen ausgeführt werden sollen, zu bestimmen. Hierfür ist zu beachten, daß jedesmal erst nach Beendigung aller Multiplikationen sämtliche Symbole durch Zahlen ersetzt werden dürfen. Will man z. B. mit der Formel

$$\underset{\smile}{\alpha\alpha} = m^2 y^2 \alpha'\alpha'$$

rechnen, so hat man zu setzen

$$(m\,\alpha' y)\,(m\,\alpha' y)$$

Dann ist

$$m\,\alpha' = a[\alpha'\alpha'] + b[\alpha'\beta'] + c[\alpha'\gamma']$$

noch Symbol, desgleichen $m\alpha' y$, dessen erstes Glied ist

$$a[\alpha'\alpha']\,d\delta = [ad]\,[\alpha'\alpha']\,\delta$$

Erst dadurch, daß $(m\alpha' y)$ mit sich selbst multipliziert wird, entsteht mit V e r s c h w i n d e n a l l e r Symbole ein bestimmter Zahlenwert. Wollte man dagegen als Reihenfolge der Multiplikationen annehmen $\alpha'\alpha'(my)\,(my)$, so wäre bereits das Produkt $[\alpha'\alpha']$ ein Zahlenwert ohne Symbole. Ebenso kann man auch nicht bilden

$$m.m\,(y\alpha')\,(y\alpha')$$

Denn

$$m.m = (a\alpha' + b\beta' + c\gamma')\,(a\alpha' + b\beta' + c\gamma') = [aa]\,[\alpha'\alpha'] + 2[ab]\,[\alpha'\beta'] + \ldots$$

ist wieder bereits eine Zahl ohne Symbole. Es leuchtet auch ein, daß derartige Bildungen nicht richtig sein können. Denn in den Zwischenkorrelaten kommen nur die Werte $[ad]$, $[ac]$, $[bd]$, $[be]$ ... vor. Daher ist es unmöglich, daß in den Endgleichungen die Werte $[aa]$, $[ab]$, $[dd]$, $[de]$ ... auftreten. Ebensowenig können Werte $[\alpha'\delta']$, $[\alpha'\varepsilon']$ ... auftreten, da sie nicht vorhanden sind.

Unter Berücksichtigung dieser Regeln kann man jetzt mühelos die berichtigten Gleichungen (27) entwickeln.

Es ist z. B.

$$\underset{\smile}{\delta\delta} = m^4 n^2 \delta'\delta' y^2 + m^2 n^2 \delta'\delta' = I + II$$

$$I = [m^2 n\,\delta' y]\,[m^2 n\,\delta' y] = [m^2 n\,\delta'(d\delta + e\varepsilon)]\,[m^2 n\,\delta'(d\delta + e\varepsilon)],$$

daher zufolge (24a)

$$I = \{[z_{s.4} \cdot z_{4.s}]\delta + [z_{s.5} \cdot z_{4.s}]\varepsilon\}^2$$

Ferner ist

$$II = [m\,n\,\delta'][m\,n\,\delta'] = [(a\alpha' + b\beta' + c\gamma')\,n\,\delta']^2$$

oder zufolge (24)

$$II = (z_{4.1}\alpha' + z_{4.2}\beta' + z_{4.3}\gamma')^2$$

Es ist aber auch

$$II = [m\,n\,\delta'][m(d\,\delta' + e\,\varepsilon')\delta'] = m^2 n\,d\,\delta'[\delta'\delta'] + m^2 n\,e\,\delta'[\varepsilon'\delta']$$

oder zufolge (24a)

$$II = [z_{s.4}\,z_{4.5}][\delta'\delta'] + [z_{s.5}\,z_{4.s}][\delta'\varepsilon']$$

Vergleicht man hiermit die umständlichen und wenig übersichtlichen Entwickelungen der üblichen Rechenweise, so tritt der große Vorteil der symbolischen Operationen klar hervor.

Literatur

[1] Das Zentraleuropäische Dreiecksnetz. Grundlagen. Veröff. d. Inst. f. Erdmessung, Nr. 1. Bamberg 1949.

[2] Beiträge zur Ausgleichung astronomisch-geodätischer Netze, unter besonderer Berücksichtigung des Zentraleuropäischen Netzes. Veröff. d. Inst. f. Erdmess., Nr. 4. Bamberg 1949.

[3] Die Hauptausgleichung des Zentraleuropäischen Netzes. Veröff. d. Inst. f. Erdmess., Nr. 5. Bamberg.

[4] Beiträge zur Lotabweichungsausgleichung und Geoidbestimmung. Allgemeine Betrachtungen und Durchführung im Bereich des Zentraleuropäischen Netzes. Veröff. d. Inst. f. Erdmess., Nr. 6, 1. Teil. Bamberg 1949.

[5] H. Wolf. Die strenge Ausgleichung großer astronomisch-geodätischer Netze mittels schrittweiser Annäherung. Veröff. d. Inst. f. Erdmess., Nr. 7. Bamberg.

[6] Beiträge zur Ausgleichung von Dreiecksnetzen. Veröff. d. Inst. f. Erdmess., Nr. 8. Bamberg 1949.

[7] H. Boltz. Entwickelungsverfahren zum Ausgleichen geodätischer Netze nach der Methode der kleinsten Quadrate. Veröff. d. Pr. Geodät. Inst., N. F. Nr. 90. Berlin 1923.

[8] H. Boltz. Substitutions-Verfahren zum Ausgleichen großer Dreiecksnetze in einem Guß nach der Methode der kleinsten Quadrate. Veröff. d. Pr. Geodät. Inst., N. F. Nr. 108. Potsdam 1938.

[9] Professor Hans Boltz und sein Werk. Veröff. d. Inst. f. Erdmess., Nr. 3. Bamberg 1949.

[10] K. Friedrich. Beiträge zur direkten und indirekten Auflösung der Normalgleichungen unter besonderer Berücksichtigung der geodätischen Netzausgleichung. Stuttgart 1930. Durch Erläuterungen und Ergänzungen vermehrter Sonderabdruck aus Zeitschr. f. Vermess.-Wesen, Jg. 1930.

[11] W. Jenne. Kettenbruchformeln und Korrelatentabellen für trigonometrische Netze, mit einigen Beiträgen zur Auflösung beliebiger Systeme einfacher linearer Gleichungen mit Hilfe von Kettenbrüchen. Veröff. d. Pr. Geodät. Inst., N. F. Nr. 107. Potsdam 1937.

[12] W. Jenne. Zur Auflösung linearer Gleichungssysteme. Astr. Nachr., Bd. 278, Heft 1/2, 1949.

[13] L. Asplund. Über einige Methoden für die Ausgleichung großer Dreiecksnetze. Mit praktischer Anwendung im südschwedischen Ausgleichungsgebiet der Baltischen Geodätischen Kommission. Stockholm 1945.

[14] O. v. Gruber. Das Entwicklungsverfahren zur Ausgleichung geodätischer Netze nach der Methode der kleinsten Quadratsummen. Sonderabdr. aus d. Festschr. d. Techn. Hochsch. Stuttgart z. Vollendung ihres ersten Jahrhunderts 1829—1929. Verlag J. Springer, Berlin (nicht im Handel).

[15] C. Runge u. H. König. Vorlesungen über numerisches Rechnen. Berlin 1924 (Springer).

[16] L. Krüger. Zur Ausgleichung der Widersprüche in den Winkelbedingungsgleichungen trigonometrischer Netze. Veröff. d. Pr. Geodät. Inst., N. F. Nr. 25. Potsdam 1906.

[17] L. Krüger. Die Auflösung eines speziellen Systems von Normalgleichungen. Astr. Nachr., Bd. 138, 1895, Nr. 3298.

[18] Müller-Breslau. Die graphische Statik der Baukonstruktionen, Bd. II, Abt. I, 5. Aufl., 1922.

[19] I. Herzog u. C. Feldmann. Die Berechnung elektrischer Leitungsnetze in Theorie und Praxis. 4. Aufl., 1927.

[20] N. E. Nörlund. Ausgleichung nach der Methode der kleinsten Quadrate bei gruppenweiser Anordnung der Beobachtungen. Acta mathematica, Bd. 72. Stockholm 1940.

[21] E. Netto. Algebra (Grundlehren der Mathematik). Leipzig und Berlin 1915.

[22] K. Reicheneder. Fehlertheorie und Ausgleichung von Rautenketten in der Nadirtriangulation. Dt. Akademie d. Wiss. z. Berlin, Veröff. d. Geodät. Inst. Potsdam, Nr. 1. Berlin 1949.

[23] P. Bachmann. Niedere Zahlentheorie. II. Teil: Additive Zahlentheorie. Leipzig 1910.

[24] P. Simon. Gewichtsbestimmungen für Seitenverhältnisse in schematischen Dreiecksnetzen. Veröff. d. Kgl. Pr. Geodät. Inst. Berlin 1889.

[25] G. Schütz. Fehlerellipsen in schematischen Dreiecksnetzen. Sonderabdr. aus Zeitschr. f. Vermess.-Wesen, Jg. 1927, Heft 16—18.

[26] O. Perron. Die Lehre von den Kettenbrüchen. Leipzig und Berlin 1913.

[27] Jordan-Eggert. Handbuch der Vermessungskunde, Bd. III, 2. Halbbd., 8. Aufl. Stuttgart 1941.

[28] O. Eggert. Ein Beitrag zur Ausgleichung des Europäischen Dreiecksnetzes. Bulletin Géodésique 1936, Toulouse und Paris, S. 474—480.

[29] Jahresbericht des Direktors des Geodätischen Institutes für die Zeit von April 1939 bis März 1940. Potsdam 1940.

Kolibri 360 GmbH
Ferdinand-Jühlke-Straße 7
99095 Erfurt, Deutschland
produktsicherheit@kolibri360.de